Füßl/Weber • Fichtelgebirge

Streifzüge durch die Erdgeschichte

herausgegeben von Dr. Gunnar Meyenburg

Die faszinierendste Geschichte der Erde ist die Geschichte der Erde selbst. Namhafte Autoren vermitteln in der Buchreihe „Streifzüge durch die Erdgeschichte“ einen anschaulichen, lebendigen und verständlichen Einblick in die oftmals spektakulären Prozesse der Entwicklung unseres Lebensraums über Hunderte von Millionen Jahren. Jeder einzelne Band motiviert die Leser, den Spuren der erdgeschichtlichen Entwicklung im Gelände zu folgen und auch teilweise heute noch wirksame Kräfte kennen zu lernen.
In Verbindung mit vielfältigen, ergänzenden Informationen zu Lehrpfaden, Mineral- und Fossilfundstellen, Museen, Schaubergwerken und vieles andere mehr, ist jeder Band der Reihe die ideale geotouristische Begleitung und abgestimmt auf die Besonderheiten der jeweils behandelten Region. Die Abschnitte sind dabei so gewählt, dass sie bequem zu Fuß erkundbar sind.

Bereits lieferbar:

Nördliche Rhön, Nördliche Oberpfalz, Nationalpark Berchtesgaden, Lahn-Dill-Gebiet, Hunsrück, Fichtelgebirge

Demnächst erscheinen:

Altmühltal, Südlicher Schwarzwald, Geopark Östliches Sauerland, Mecklenburgische Eiszeitlandschaft, Asse, Elm und Lappwald, Nordwesthessisches Berg- und Senkenland, Harz.
Weitere Regionen in Vorbereitung.

Falls Sie laufend über die Neuerscheinungen informiert werden möchten, nutzen Sie bitte die Bestellkarte in der Mitte des Buches.

Legende

Aufschlüsse

1 Ottenleite: Ehem. Stbr., Phyllit mit Diabasgängen

2 Weißenstein bei Stammbach: Eklogitaufschluss in der Münchberger Gneismasse; Aussichtsturm

3 G'steinigt: Phyllite, Quarzite und Gneise in der Röslauschlucht

4 Elisenfels: Gneise und Glimmerschiefer der Elisenfels-Serie im Röslautal

5 St. Georg-Stollen: Entwässerungsstollen für den Eisenerzbergbau

6 Lerchenbühl: Metamorphite des Waldsassener Schiefergebirges

7 Holenbrunn: Aufgelassener Marmor-Stbr.

8 Stemmaser Bühl: Aufgelassener Stbr. im nördlichen Marmorzug

9 Strehlenberg: Bergkristallvorkommen auf den Äckern

10 Marktredwitz: Redwitzitblöcke

11 Wellertal: Exkavationsformen im Taleinschnitt der Eger

12 Zipfeltanne: Felsturm mit Wollsackverwitterung im Steinwaldgranit

13 Weißenstein im Steinwald: Felsburg im Steinwaldgranit mit Silikatkarren; Burgruine

14 Hackelstein: Granit-Felsburg

15 Teufelsstein: Durch Solifluktion gewanderter Granitfelsen

16 Luisenburg: Felsenlabyrinth und Blockmeer

17 Waldstein-Steinbruch GRASYMA: Ehem. Granit-Stbr. im Jüngeren Granit

18 Rotes Schloss: Historische Burg auf dem Gipfelgrat des Waldsteins; Aussichtspunkt

19 Napoleonshut: Kleinform der Granitverwitterung

20 Schloßbrunnen-Bruch: Ehem. Stbr. im Jüngeren Granit

21 Nußhardt: Granit-Felsburg; Aussichtspunkt

22 Seifenhügel: Zeugen der Zinnwäscherei im Fichtelgebirge

23 Fuchsbau: Ehem. Granit-Stbre. im Zinngranit

24 Grube Werra: Stollenmundloch einer ehem. Uranerzgrube

25 Rudolfsteingipfel: Granitaufschluss mit Wollsackverwitterung und Felsburg

26 Rotenfels: Spuren des ehem. Eisenbergbaus

27 Ochsenkopf: Schluchtenartige Proterobas-Stbre.

28 Ochsenkopf: Archäologische Ausgrabung einer Waldglashütte

29 Thierstein: Aufschluss einer Basaltdecke mit Basaltsäulen

30 Schloßberg in Neuhaus a. d. Eger: ehem. Stbr. mit Basaltsäulen

31 Silberrangen: Fundstelle für Augitkristalle in einem basaltischen Ignimbritvorkommen

32 Wappenstein: Basaltisches Ignimbritvorkommen

33 Teichelberg: Basaltsteinbruch in einem Deckenbasalt; Mineralfundstelle

Geologische Lehrpfade

34 Humboldt-Weg in Arzberg: Bergbau- und Industriegeschichte des Arzberger Eisenerzreviers

35 Granit-Lehrpfad am Epprechtstein: Geologischer und montanhistorischer Rundwanderweg

36 Geologisch-historischer Lehrpfad Leupoldsdorf-Vordorf: Geologie, Landschaftsgeschichte und Granitindustrie

37 Humboldtweg in Goldkronach: Bergbaugeschichte im Goldkronacher Revier

Schaubergwerke

38 Kleiner Johannes: Info-Zentrum zum Eisenerzbergbau mit Schaubergwerk und Mineraliensammlung

39 Name Gottes-Stollen: Info-Stelle und Besucherbergwerk des ehem. Goldbergbaus

40 Schmutzler-Stollen: Besucherbergwerk des ehem. Goldbergbaus

41 Gleißinger Fels: Silbereisenerz-Besucherbergwerk

42 Sack'scher Keller: Historisches Bergwerk auf Bergkristall

43 Schausteinbruch Häusellohe: Granitgewinnung und -veredelung, Holzköhlerei

Museen

44 Goldbergbaumuseum

45 Fichtelgebirgsmuseum

46 Deutsches Naturstein-Archiv

47 Urwelt-Museum

48 Bergbau- und Heimatmuseum Erbendorf

49 Stiftlandmuseum Waldsassen

Streifzüge durch die Erdgeschichte

Martin Füßl/Berthold Weber

Fichtelgebirge

Sprudelnde Quellen und Meere aus Stein

Der Herausgeber:

Dr. Gunnar Meyenburg
Osterstraße 187
20255 Hamburg
e-Mail: info@sci-script.de

Die Ratschläge in diesem Buch sind von den Autoren und dem Verlag sorgfältig erwogen und geprüft, dennoch kann keine Garantie übernommen werden. Eine Haftung der Autoren bzw. des Verlages und seiner Beauftragten für Personen-, Sach- und Vermögensschäden ist ausgeschlossen.

Bibliografische Information Der Deutschen Nationalbibliothek
Die Deutsche Nationalbibliothek verzeichnet diese Publikation in der Deutschen Nationalbibliografie; detaillierte bibliografische Daten sind im Internet unter http://dnb.d-nb.de abrufbar.

Fotos: Martin Füßl/Berthold Weber (wenn nicht anders angegeben)
Topographische Karte: Theiss Heidolph, Kottgeisering
Satz: Gunnar Meyenburg, Hamburg
Druck und Verarbeitung: AZ Druck und Datentechnik, Kempten
Printed in Germany/Imprimé en Allemagne
ISBN 978-3-494-01478-4

Zur Reihe „Streifzüge durch die Erdgeschichte“

Liebe Leserinnen, liebe Leser,

das wachsende Interesse an Natur und Umwelt hat in den vergangenen Jahren auch bei geowissenschaftlich orientierten Themen nicht Halt gemacht. Oftmals waren es Naturereignisse, die die Geowissenschaften stärker in das Licht der Öffentlichkeit gerückt haben, aber auch Fragen, die unsere Zukunft betreffen. Die Deckung des Rohstoffbedarfs und die Diskussion um klimatische Veränderungen und deren Ursachen und Folgen sind nur einige Beispiele.

Die Erde und das Leben auf diesem Planeten haben im Laufe ihrer Entwicklung ausgesprochen vielfältige und dramatische Veränderungen erfahren. Vieles davon lässt sich an den Gesteinen als deren stumme Zeugen trotz ihres oft schwer vorstellbaren Alters, aber auch an der Gestalt der Landschaft ablesen. Gerade dieser Blick in die Vergangenheit ist es, der uns Prognosen über Zukunftsszenarien erlaubt, indem die Rekonstruktion einstiger Umwelt- und Lebensbedingungen mit Vorgängen und Gesetzmäßigkeiten verknüpft werden, die zu diesen Bedingungen geführt haben.

Natürlich steckt hinter diesem Erkenntnisgewinn weit mehr als das, was sich dem Betrachter geologischer Objekte vor Ort erschließen kann. Akademische Diskussionen sind jedoch nicht Gegenstand dieser allgemeinverständlich gehaltenen Reihe. Die Autoren und ich möchten Ihnen vielmehr Erdgeschichte zum Erleben bieten und Sie dazu auf eine ereignisreiche und spannende Reise mitnehmen. Die Buchreihe „Streifzüge durch die Erdgeschichte“ richtet sich vor allem an all jene, die sich nicht ausschließlich an der Schönheit und den Eigenheiten von Landschaften erfreuen möchten, sondern sich zugleich auch Gedanken über deren Entstehung machen und nach entsprechenden Antworten suchen.

Sie will motivieren, sich auf die Suche nach den Spuren der äußerst bewegten Erdgeschichte Deutschlands und Mitteleuropas zu begeben und die mit ihr untrennbar verbundene Geschichte des Lebens selbst nachzuempfinden, ohne dass hierzu eine fachliche Vorbildung vonnöten wäre. Die einzelnen Bände begnügen sich nicht mit einer isolierten, steckbriefartigen Darstellung geologischer Objekte, sondern stellen die Synthese von Einzelinformationen zu einem Gesamtbild zur Entwicklungsgeschichte einer Landschaft stark in den Vordergrund. Die Größe der jeweils vorgestellten Gebiete ist daher auch überschaubar gehalten.

Ich möchte mich an dieser Stelle bei allen Autoren, die an dieser Buchreihe mitwirken, bedanken, die den komplexen Stoff der Intentionen der Reihe entsprechend verständlich und anschaulich darstellen.

Ganz ohne Fachtermini geht es dabei allerdings nicht. Damit der Lesefluss nicht durch Begriffserklärungen gestört wird, wurde die Marginalspalte genutzt, um wichtige Begriffe kurz zu erläutern oder auch andere Hinweise zu geben. Der dort in blauer Schrift gehaltene Text dient der leichteren Navigation innerhalb der Kapitel.

Nun wünsche ich Ihnen viel Freude und aufschlussreiche Einblicke in die Erdgeschichte bei Ihren geologischen Streifzügen.

Dr. Gunnar Meyenburg
Herausgeber

Inhalt

Das Fichtelgebirge: Das teutsche Paradeyß

Das im Norden Bayerns gelegene Fichtelgebirge gehört zu den attraktivsten Urlaubsregionen Deutschlands und erfreut sich bei seinen Besuchern wegen seiner landschaftlichen Unberührtheit großer Beliebtheit. Obwohl das „Dach Frankens“ nur selten die 1000-Meter-Marke überschreitet, bietet es herrliche Ausblicke und ist deshalb ein ideales Wandergebiet. Euphorisch hielt es Magister Johann Will im Jahr 1692 für das verloren gegangene Paradies und nannte es das „anmutige Paradeyß des teutschen Vaterlandes“. Schroffe Gesteinsformationen, geheimnisvolle Moore und der einst vielerorts verbreitete Bergbau ließen viele Sagen von Moor- und Waldgeistern, rätselhaften Venedigern, Schatzhöhlen mit unermesslichen Reichtümern und versteckten Goldvorkommen entstehen. Diese zauberhafte Atmosphäre zog auch die Begründer der deutschen Romantik, Ludwig Tieck und Heinrich Wackenroder, Ende des 18. Jahrhunderts in ihren Bann.

Geologisch betrachtet gibt es in Europa nur wenige Gebiete, die auf einer vergleichbar kleinen Fläche so viel Erdgeschichte bieten können. Und diese Vielfalt zog und zieht noch immer Gelehrte und Geowissenschaftler in das Fichtelgebirge. Der große Naturforscher Alexander von Humboldt sowie die Altmeister der bayerischen Geologie, Mathias von Flurl und Carl Wilhelm von Gümbel, waren fasziniert von ihm. Nicht vergessen werden darf der Dichterfürst Johann Wolfgang von Goethe, der das Fichtelgebirge bereiste und hier geologische Studien betrieb.

Spannende Geologie können Sie im Fichtelgebirge vielerorts hautnah erleben, denn diese Region im Norden Bayerns ist im doppelten Sinne steinreich: die Böden sind meist nicht sehr fruchtbar und reich an Steinen, die den Bauern das Leben früher oft schwer gemacht haben. Als Ausgleich dafür gibt es hier eine Vielzahl von Bodenschätzen, welche die Menschen schon früh in diesen rauen Landstrich lockten und ihnen manchmal einen bescheidenen Wohlstand bescherten.

Wir wollen Sie mit unseren Geologischen Streifzügen durch das Fichtelgebirge an Orte führen, wo man Geologie im wahrsten Sinne des Wortes begreifen kann. Einige der be-

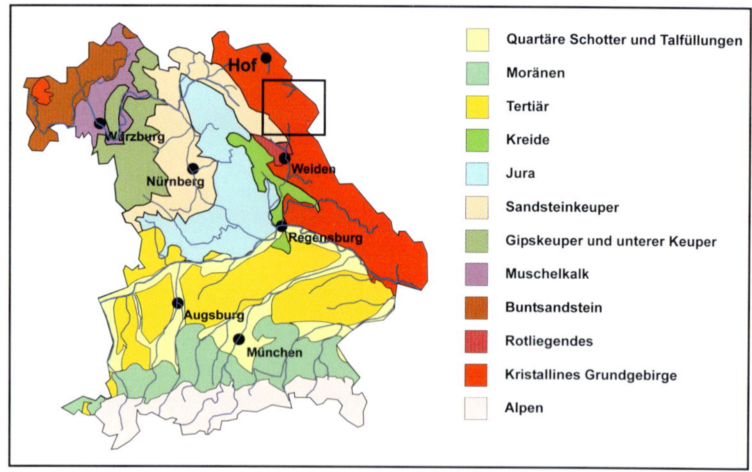

Lage des Fichtelgebirges in Bayern.

schriebenen Geotope sind touristische Highlights und werden für den Fremdenverkehr beworben. Touristen und Einheimische kennen sie als attraktive Ausflugsziele und genießen ihre landschaftliche Schönheit, erkennen dabei aber nur selten deren geologische Bedeutung. Andere wiederum sind auf den ersten Blick nicht sonderlich spektakulär und offenbaren ihre spannende geologische Geschichte erst bei genauerer Betrachtung.

Geotope sind Zeugnisse der unbelebten Natur, die sich durch ihre Seltenheit, geologische Bedeutung oder einfach durch ihre landschaftliche Schönheit auszeichnen. Sie gewähren interessante Einblicke in den Aufbau oder in die Entwicklungsgeschichte der Erde und des Lebens. Ihre Zerstörung bedeutet den unwiederbringlichen Verlust eines Fensters in die Erdgeschichte. Sie erzählen uns spannende Geschichten über Kontinentalverschiebungen, Klimaveränderungen, Verwitterung und Erosion, Vulkanismus, Massenaussterben von Lebewesen, Evolution und vielem mehr. Da sie nur wenige Kenner und Fürsprecher haben, fällt der Verlust einzelner Geotope oft nicht auf. Darum bedarf dieses wertvolle Naturerbe eines wachsenden Bewusstseins, um es der Nachwelt mit all seinen Informationen als geologisches Archiv zu erhalten.

Erosion: Abtragung v. a. durch Wasser und Wind

In Bayern hat der amtliche Schutz derartiger Naturschönheiten eine lange Tradition. Schon im Jahr 1840 ließ König Ludwig I. von Bayern die Weltenburger Enge an der Donau unter Schutz stellen, um sie vor dem Gesteinsabbau zu retten. Die Erkenntnis, dass Geotope auf Dauer erhalten und gesichert werden müssen, veranlasste das Bayerische Geologische Landesamt im Jahr 1985 zu einer systematischen Inventarisierung der bayerischen Geotope, die in einem umfangreichen Geotopkataster erfasst sind.

Das Fichtelgebirge ist ein ganz besonderes geologisches und landschaftliches Schmuckkästchen mit einer Vielzahl verschiedener Bodenschätze. Ende des 18. Jahrhunderts beschrieb Alexander von Humboldt, der als junger preußischer Beamter einige Jahre hier lebte, seine Eindrücke beim Rundblick vom Waldstein über das Fichtelgebirge: „Beim Blick über die blauen Gipfel des Gebirgs, zum riesigen Hufeisen aufgereiht, gewahrt der Betrachter die güldene Sonne darüber und weiß doch von einem anderen unsichtbaren Gold: führen ja dutzende Mundlöcher und Stollen von den Schluchten und Flanken dieser Granitberge hinab in das Innere des Gesteinsmantels, wo seit Jahrhunderten die Bergleute der Erde ihre Schätze entreißen."

Heute ist von dieser unterirdischen Welt nur noch wenig zu erkennen, wenn man von einigen Schaubergwerken, Halden und Stolleneinbrüchen absieht. Dennoch hat der Reichtum des Fichtelgebirges an verschiedensten Bodenschätzen die wirtschaftliche Entwicklung über Jahrhunderte hinweg geprägt und weit mehr Spuren hinterlassen als nur Flurnamen oder Bergbausymbole in Ortswappen.

Das Hauptaugenmerk galt anfangs wie so oft dem Gold. Die ersten Ansätze zur Aufsuchung und Gewinnung konzentrierten sich auf das Auswaschen der Goldkörner in Flüssen und Bächen. Durch die intensive Suche wurden in der zweiten Hälfte des 14. Jahrhunderts die primären Lagerstätten bei Goldkronach entdeckt und bergmännisch erschlossen. Die durch die Funde des begehrten Edelmetalls ausgelöste Euphorie zog immer wieder Bergleute und Glücksritter in das Fichtelgebirge, wodurch zahlreiche Vorkommen anderer wertvoller Metalle wie Kupfer, Zinn und Eisen aufgefunden und bergmännisch gewonnen wurden. Diese rege Bergbautätigkeit, deren Blütezeit bis zum Dreißigjährigen Krieg (1618 – 1648) andauerte, führte zur Anlage von Hunderten von Schächten und Schurfen, die größtenteils nur kurze Zeit wirtschaftlich betrieben werden konnten und deshalb rasch wieder aufgegeben wurden.

primär: am Bildungsort im ursprünglichen Zustand befindlich

Bergkristall aus dem Steinbruch Zufurth bei Tröstau im Fichtelgebirge; Bildbreite 2,5 cm.

Ein wirtschaftlich eher unbedeutender, aber bemerkenswerter Bergbau galt dem als Schmuckstein geschätzten Bergkristall. In mehreren Bergwerken mit Schwerpunkt im Raum Weißenstadt wurden diese Kristalle systematisch gefördert. Der Sack'sche Keller in Weißenstadt vermittelt noch heute einen Eindruck davon. Wie groß die Ausbeute gewesen sein muss, kann man in der Eremitage in Bayreuth sehen, wo ganze Säulen mit Bergkristallen aus dem Fichtelgebirge verziert wurden.

Die Entdeckung größerer Erzlagerstätten auf anderen Kontinenten, deren kostengünstigere Gewinnung und nicht zuletzt das verbesserte Transportwesen führten im 19. Jahrhundert zum Niedergang des Erzbergbaus im Fichtelgebirge. Er wurde schon damals ein Opfer der Globalisierung. Nur sehr wenige Betriebe überlebten bis in das 20. Jahrhundert hinein, und mancher Lagerstätten entsann man sich erst wieder in Zeiten, in denen Deutschland politisch oder kriegsbedingt von den Weltmärkten abgeschnitten war.

Weltruhm erlangte das Fichtelgebirge im 19. und 20. Jahrhundert als Zentrum des Granitabbaus und vor allem wegen der hier ansässigen Granitverarbeitungsbetriebe, die mit höchstem handwerklichen und künstlerischen Geschick Granitprodukte herstellten. So sind heute Kunstwerke und Denkmäler aus Fichtelgebirgsgranit auf der ganzen Welt zu finden. Nach dem Zweiten Weltkrieg begann im Fichtelgebirge eine gezielte Suche nach Spezialrohstoffen, die in früheren Bergbauepochen keine Beachtung fanden: Uran, Wismut und Wolfram waren Ziele groß angelegter Prospektionsarbeiten. Eine wirtschaftliche Bedeutung hat der Abbau dieser Erze jedoch nie erlangt.

Es ist daher nicht verwunderlich, dass heute vielerorts Spuren des früher allgegenwärtigen Bergbaus erkennbar sind, wenn man offenen Auges durch das Fichtelgebirge wandert.

Blick von der Luisenburg zum Granitsteinbruch Zufurth. Im Hintergrund der Ochsenkopf mit dem markanten Sendemast.

Und nicht nur Schaubergwerke wie der Gleißinger Fels bei Fichtelberg oder der Mittlere Name Gottes-Gang bei Goldkronach sind Zeugnisse dieser Bergbauepochen. Oft haben idyllische Ausflugsziele, die für den Besucher den Inbegriff einer ungestörten und natürlichen Fichtelgebirgslandschaft darstellen, ihren Ursprung in der Rohstoffgewinnung früherer Zeiten. Seit einigen Jahren wird man sich im Fichtelgebirge dieser Bergbautradition wieder bewusst und versucht, sie Besuchern und Einheimischen näherzubringen. Der Fichtelgebirgsverein, der Naturpark Fichtelgebirge, der Geopark Bayern-Böhmen, aber auch Fichtelgebirgsgemeinden und so manche Privatinitiative leisten heute ihren Beitrag, diese Facette ihrer Heimatgeschichte besser zu beleuchten. Und so ziehen geologisch und bergbaulich orientierte Pfade Bergbauinteressierte und Touristen in ihren Bann.

Info zum Geopark Bayern-Böhmen s. Seite 105

Von der Öffentlichkeit kaum bemerkt kommen alljährlich Hunderte von Mineraliensammlern und Geowissenschaftlern auf der Suche nach seltenen Mineralien und Gesteinen ins Fichtelgebirge. Bemerkenswert ist dabei, dass immer wieder einmal Neuentdeckungen gemacht werden, wie zum Beispiel ein bis dahin unbekanntes und seit 1999 von der IMA (International Mineralogical Association) anerkanntes Mineral in Brandholz bei Goldkronach: der Brandholzit. Ein organisches

zu den genannten Mineralien s. auch die Tab. auf Seite 107

Mineral, genau genommen eine im Moor natürlich gebildete organische Verbindung, hat sogar seinen Namen vom Fichtelgebirge erhalten. Es handelt sich dabei um die 1841 erstmals beschriebene organische Verbindung Dimethylisopropylperhydrophenanthren, die weißliche bis gelbliche Kristalle auf abgestorbenen Hölzern bildet: der Fichtelit.

Die Stollen und Halden des Altbergbaus sind für die Fauna und Flora Oberfrankens wertvolle Lebensräume. Während die Stollen für Fledermäuse und allerlei Insekten wichtige Rückzugsgebiete oder Winterquartiere darstellen, sind die durch extreme Temperaturunterschiede geprägten Halden für eine Reihe von Spezialisten der Tier- und Pflanzenwelt selten gewordene Nischen in unserer ausgeräumten und ökologisch vielerorts verarmten Kulturlandschaft.

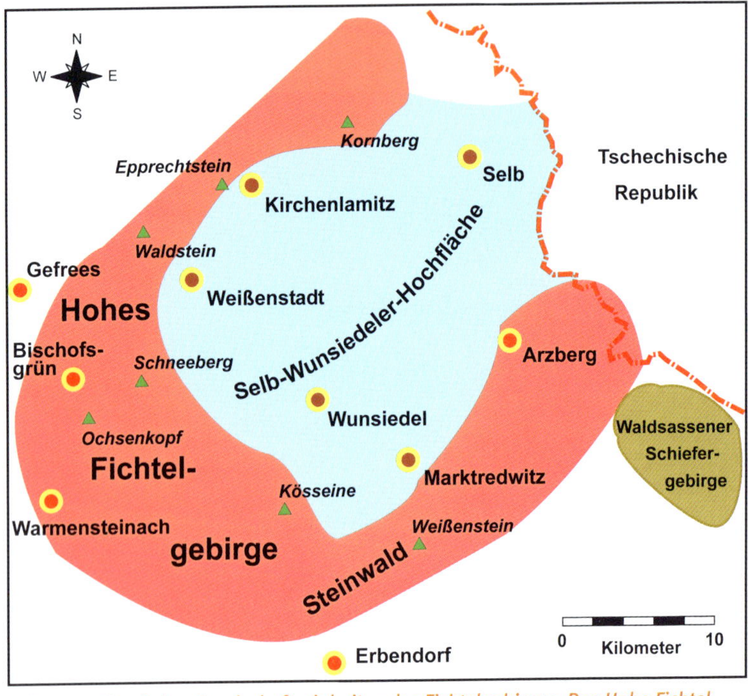

Die naturräumlichen Landschaftseinheiten des Fichtelgebirges. Das Hohe Fichtelgebirge umrahmt zusammen mit dem Steinwald wie ein nach Nordosten offenes Hufeisen die Selb-Wunsiedeler-Hochfläche. Auch das Waldsassener Schiefergebirge zählt geologisch zum Fichtelgebirge.

Panorama-Blick vom Weißenstein bei Stammbach in Richtung Südosten auf den Schneeberg und Ochsenkopf.

Naturräumliche Gliederung des Fichtelgebirges

Das Landschaftsbild des Fichtelgebirges steht in engem Zusammenhang mit seinem geologischen Aufbau. Es lässt sich grob in drei naturräumliche Haupteinheiten gliedern:

- Hohes Fichtelgebirge mit Steinwald
- Selb-Wunsiedeler Hochfläche
- Waldsassener Schiefergebirge

Eingerahmt wird das Fichtelgebirge von der Münchberger Hochfläche im Nordwesten, dem Obermainischen Bruchschollenland im Südwesten und dem Oberpfälzer Wald im Südosten. Im Nordosten geht es in die Landschaftseinheiten des Böhmischen Mittelgebirges über.

Das Hohe Fichtelgebirge und der Steinwald

Der Gebirgswall des Hohen Fichtelgebirges umschließt die niedrigere, flachwellige Selb-Wunsiedeler Hochfläche wie ein nach Nordosten offenes Hufeisen. Er besteht aus einer Reihe von Gebirgskämmen aus Granit, die meist durch markante Einschnitte voneinander getrennt sind. Die nördliche Flanke dieses Gebirgskranzes bildet das aus jüngeren Graniten aufgebaute Waldstein-Massiv mit Gipfeln wie dem Großen Waldstein (878 m ü. NN) und dem Großen Kornberg (829 m ü. NN). Im Südwesten liegen mit dem Schneeberg (1 051 m ü. NN) und dem Ochsenkopf (1 023 m ü. NN) die zwei höchsten Berge Nordbayerns. Der südliche Gebirgsbogen verläuft vom Steinwald im Südwesten mit Höhen bis über 900 m (Platte mit 946 m ü. NN) über die tertiäre Basaltdecke des Teichelbergs (683 m ü. NN) und weiter über den Ruhberg (692 m ü. NN) bis zu dem aus ordovizischen Frauenbach-Quarziten bestehenden Kohlberg (692 m ü. NN) im Osten.

Frauenbach-Schichten *s. Seite 32*

Das Hohe Fichtelgebirge mit seinem Niederschlagsmaximum im Winter hat ein atlantisch geprägtes Klima. Die durchschnittliche Niederschlagsmenge liegt je nach Höhenlage zwischen 950 und 1 300 mm/a. Die nicht versickernden Niederschläge fließen über zahlreiche Mittelgebirgsbäche und -flüsse ab und speisen dabei eine Vielzahl von Feuchtgebieten und Mooren. Die Jahresmitteltemperaturen sinken in den Hochlagen bis auf 4 °C.

Metamorphose: Gesteinsumwandlung durch Druck- und Temperatureinfluss

Phyllit, Glimmerschiefer: schiefrige, quarz- und glimmerreiche Gesteine unterschiedlicher metamorpher Überprägung

basenarm: arm an Alkalien und Erdalkalien wie Kalium, Calcium oder Magnesium

Die wichtigsten Ausgangsgesteine für die Bodenbildung sind Granite und metamorphe Gesteine wie Phyllite und Glimmerschiefer. Daraus entwickelten sich im Zusammenspiel mit den klimatischen Rahmenbedingungen meist basenarme, flachgründige Böden wie Braunerde-Podsole und Podsole. In tieferen Lagen finden sich an flachen Unterhängen und in Talmulden grund- oder stauwassergeprägte Bodentypen wie Gley und Pseudogley.

Wegen des kühlen und feuchten Mittelgebirgsklimas sowie der ungünstigen Boden- und Reliefverhältnisse sind 80 % der Hochlagen des Hohen Fichtelgebirges durch weitläufige Wälder geprägt, wobei Fichtenwälder die potenziell natürlichen Buchen-Fichten-Tannenwälder nahezu völlig verdrängt haben. Entsprechend gering ist hier der Anteil landwirtschaftlich genutzter Flächen, wobei die Grünlandnutzung deutlich über den Ackerbau dominiert. Klimatisch bedingt liegt die Obergrenze einer rentablen Landwirtschaft in einer Höhe von etwa 700 m ü. NN.

glazial: durch Gletscher oder während der Eiszeit entstanden

Zwischen- und Hochmoore traten aufgrund des feuchten und kühlen Mittelgebirgsklimas mit Jahresniederschlägen von bis zu 1 250 mm und Jahresmitteltemperaturen von 6 – 7 °C hier früher verbreitet auf, fielen aber meist dem Torfabbau zum Opfer. Reste dieser Moore sind heute zum Beispiel im Fichtelseemoor oder in der Torfmoorhölle bei Voitsumra zu finden. Ihre Artenvielfalt stellt einen der großen natürlichen Schätze des Fichtelgebirges dar. Als Glazialreliktbiotope für konkurrenzempfindliche Pflanzenarten mit eigentlich nordischer Verbreitung, wie beispielsweise den Siebenstern, kommt diesen Standorten eine hohe ökologische Bedeutung zu. Sie sind aber auch Lebensraum für Schmetterlingsarten wie den Hochmoor-Bläuling (*Vacciniia optilete*) und vom Aussterben bedrohte Libellenarten

Fichtelsee im Übergang zum Fichtelseemoor.

wie die Arktische Smaragdlibelle (*Somatochlora arctica*) oder die Hochmoor-Mosaikjungfer (*Aeshna subarctica*).

Steinwald

Der Steinwald bildet den Südschenkel des „Fichtelgebirgs-Hufeisens“ und wird dem Naturraum Hohes Fichtelgebirge zugerechnet. Der ca. 14 000 ha große Granitrücken ist im Norden durch die Senke von Waldershof-Pullenreuth vom Kösseinestock getrennt. Im Südosten wird der Steinwald durch die Waldnaab-Wondreb-Senke begrenzt.

Im Steinwald herrscht im Westen und Nordwesten der feinkörnige Randgranit vor, der besonders am Dachsfelsen gut aufgeschlossen ist. Der eigentliche Steinwaldgranit, der im Zentralteil am Weißenstein und an der Platte vorkommt, ist deutlich grobkörniger, während der Friedenfelser Granit mit seinen großen Feldspatkristallen den Übergang zum Falkenberger Porphyrgranit in der nördlichen Oberpfalz bildet, der für seine bis zu zehn Zentimeter großen Feldspäte bekannt ist. Klimatisch und bodenkundlich ist der in der Oberpfalz gelegene Steinwald nahezu identisch mit dem Hohen Fichtelgebirge. Aufgrund seiner Höhen bis über 900 m ü. NN und der damit verbundenen kurzen Vegetationsperiode sowie der nährstoffarmen Böden ist der Steinwald nahezu vollständig mit Wald bedeckt, wobei die Fichte deutlich gegenüber Kiefer, Buche, Bergahorn, Eiche und Tanne überwiegt.

Weißenstein s. Seite 53

Die Selb-Wunsiedeler Hochfläche

Die von den Höhenrücken des Hohen Fichtelgebirges umgebene Selb-Wunsiedeler Hochfläche präsentiert sich als leicht hügelige Verebnungsfläche mit einer durchschnittlichen Höhe von etwa 600 m ü. NN. Im Übergang zum Hohen Fichtelgebirge erreicht sie Höhen von bis zu 675 m ü. NN, während der tiefste Punkt in der Röslau-Senke östlich von Schirnding an der Grenze zur Tschechischen Republik bei nur 445 m ü. NN liegt.

Gneis: metamorphes Gestein mit > 20 % Feldspat

Metasediment: metamorphes Sediment

Kalksilikatfels: Ca-Mg-Silikat-Neubildungen enthaltendes metamorphes Gestein ohne Paralleltextur

Quarzit: Sandstein, dessen Porenraum mit Quarz als Bindemittel gefüllt (verkieselt) ist

Marmor: metamorphes, karbonatreiches Gestein

Eger-Rift *s. Seite 21*

Den geologischen Untergrund der Selb-Wunsiedeler Hochfläche bilden im zentralen Bereich Granite und insbesondere im Raum Wunsiedel Gneise. Zu den Gebirgsrändern hin findet sich ein kleinräumiges Mosaik von Metasedimenten wie Glimmerschiefer, Phyllit, Quarzit, Marmor sowie Kalksilikatfels. Die verwitterungsresistenteren Gneise und Granite bilden sanfte Kuppen, während die verwitterungsanfälligen Phyllitgebiete meist flachmuldig ausgeräumt sind. Zwischen Marktredwitz und Selb wird die Selb-Wunsiedeler Hochfläche von tertiären Basalten durchschlagen, die mit dem Eger-Rift in geologischem Zusammenhang stehen.

Klimatisch betrachtet hat die Selb-Wunsiedeler Hochfläche mit ihren ausgeprägten Temperaturdifferenzen zwischen Sommer und Winter sowie einem sommerlichen Niederschlagsmaximum einen deutlich kontinentaleren Charakter als das Hohe Fichtelgebirge und der Steinwald. Die Jahresmitteltemperatur übersteigt kaum 6 °C und die Winter sind lang und kalt, zumal dieser Landstrich häufig kalten Ostwinden, dem sogenannten „Böhmischen Wind", ausgesetzt ist. Darum sagt der Volksmund nicht ganz zu Unrecht, dass hier acht Monate lang Winter ist und es die restlichen vier Monate kalt sei. Die mittleren Jahresniederschläge von 1 000 mm/a am Rande des Hohen Fichtelgebirges nehmen nach Osten hin bis auf 650 mm/a ab.

Auf den vorwiegend auftretenden Metamorphiten und Graniten haben sich seit der letzten Eiszeit meist nur mäßig fruchtbare, lehmig-sandige Böden gebildet. Auf Phyllit und Gneis sind schwere, lehmige Braunerden verbreitet, die zu Staunässe neigen, während auf den Graniten und Redwitziten Braunerden bis podsolige Braunerden vorherrschen. Aufgrund der gesteinsbedingt schlechten Basenversorgung dieser Böden ist Podsolierung, also die Verarmung an Nährstoffen in den oberen Bodenhorizonten, weit verbreitet. Nur kleinflächig konnten

Blick von der Luisenburg Richtung Norden über Wunsiedel.

sich über den Kalk- und Dolomitmarmorzügen basenreichere und fruchtbarere Böden entwickeln.

Aus dem Zusammenspiel der klimatischen und standörtlichen Verhältnisse ergeben sich landwirtschaftlich überwiegend ungünstige Produktionsbedingungen. Intensivere landwirtschaftliche Nutzung trifft man in der Regel in den Muldenlagen und auf den Verebnungsflächen an. Die steileren Lagen sind wegen der schwierigeren Bewirtschaftung meist bewaldet. So ergibt sich ein kleinräumiges Mosaik von waldbedeckten Kuppen, ackerbaulich genutzten Gebieten und grünlandgenutzten Talsenken, welches den Reiz dieser Landschaft prägt. Wegen der etwas günstigeren klimatischen Verhältnisse nimmt die landwirtschaftliche Nutzung im Vergleich zum Hohen Fichtelgebirge einen höheren Stellenwert ein, wobei in steileren Lagen historische Ackerterrassen typisch für die Kulturlandschaft der Selb-Wunsiedeler Hochfläche sind.

Naturnahe Weihergebiete mit Verlandungsvegetation, Moore wie die Häusellohe oder das Zeitelmoos, Nass- und Feuchtwiesen, Streuwiesen sowie Hochstaudenfluren sind wertvolle Rückzugsgebiete für viele, in den ausgeräumten Kulturlandschaften selten gewordene Tiere und Pflanzen. Die Auen der nach Osten entwässernden Flüsse Eger und Röslau weisen bedeutende Feuchtlebensräume mit größeren Erlenwäldern auf.

Weitläufige, sanfte Hügellandschaft im Waldsassener Schiefergebirge.

Der Selber Forst begrenzt die Selb-Wunsiedeler Hochfläche nach Nordosten. Dieses geschlossene Waldgebiet ist wegen des Vorkommens der an das raue Klima angepassten Selber Höhenkiefer, seinen Schneeheide-Weißmoos-Kiefernwäldern sowie der Waldmeister-Buchenwälder am Hengstberg eine vegetationsgesellschaftliche Besonderheit in Nordbayern.

Neben den botanischen Besonderheiten dürfen hier noch vorkommende seltene Tierarten nicht unerwähnt bleiben. Mit Glück lassen sich Schwarzstorch, Wachtelkönig, Bekassine, Rebhuhn, Kolkrabe, Uhu oder Wanderfalke beobachten. An Eger und Röslau ist der Fischotter wieder heimisch geworden, den zu sehen aber eine große Ausnahme bleiben dürfte.

Das Waldsassener Schiefergebirge

Der Steinwald geht in seinem östlichen Teil unspektakulär in das Waldsassener Schiefergebirge über. Markante Unterschiede finden sich aber im Untergrund: Während Steinwald und Hohes Fichtelgebirge vorwiegend aus Granit bestehen, stehen im Waldsassener Schiefergebirge überwiegend – wie der Name schon vermuten lässt – schiefrige Gesteine an. Die hier vorkommenden Phyllite, Quarzite und Gneise gehören zu den ältesten Gesteinen des Fichtelgebirges.

Klimatisch ist die Region im Vergleich zum Hohen Fichtelgebirge und Steinwald aufgrund ihrer niedrigeren Höhenlagen nicht ganz so rau. Die mittlere Jahrestemperatur beträgt hier nur 7 °C und weist weniger als 140 Vegetationstage auf. Den mehr als 30 Eistagen stehen nur 20 Sommertage entgegen. Die schweren, lehmigen Braunerden neigen bei schlechten Abflussverhältnissen zu Staunässe. Etwa die Hälfte der Fläche ist von Wald bedeckt, bei der landwirtschaftlichen Nutzung überwiegt die Grünlandwirtschaft. Wegen des rauen Klimas werden überwiegend robuste Nutzpflanzen wie Mais, Kartoffel und Raps angebaut.

Die geologische Entwicklung des Fichtelgebirges

Die Drift der Kontinente: Als das Fichtelgebirge noch am Südpol lag

Nichts scheint uns auf den ersten Blick so unveränderlich wie die Landschaften der Erde. Doch in Wirklichkeit wandern die Kontinente über den Globus, stoßen zusammen und lassen Gebirge entstehen, die im Laufe der Jahrmillionen wieder abgetragen werden. Auch das heutige Fichtelgebirge ist das Ergebnis einer komplexen erdgeschichtlichen Entwicklung. Beschäftigt man sich mit der Geologie Nordostbayerns, so begibt man sich also nicht nur auf eine Zeitreise, sondern auch auf eine Reise um den halben Globus. Die nachvollziehbare geologische Geschichte beginnt vor mehr als 500 Mio. Jahren auf der südlichen Erdhalbkugel und führt uns mit einer Reisegeschwindigkeit von rund 1 cm/a über den Äquator etwa bis zum 50. nördlichen Breitengrad in das heutige Fichtelgebirge.

Die ältesten Gesteine des Fichtelgebirges

Nahe der heutigen Antarktis wurden vermutlich schon im Präkambrium vor mehr als 550 Mio. Jahren vom Festland und den vorgelagerten Inselketten durch Flüsse Tone und Sande in ein ausgedehntes Meeresbecken transportiert und dort als Sedimentgesteine abgelagert. Die tonig-sandige Sedimentation hielt bis in das Unterkarbon vor etwa 350 Mio. Jahren an und wurde zeitweise von karbonatischen Meeresablagerungen unterbrochen. Diese mächtigen Sedimentpakete weisen nur geringe Unterschiede auf; lediglich wechselnd hohe Anteile an Sand und Ton geben Hinweise auf die Entfernung der Ablagerungsgebiete zum Festland und die unterschiedlichen Ab-

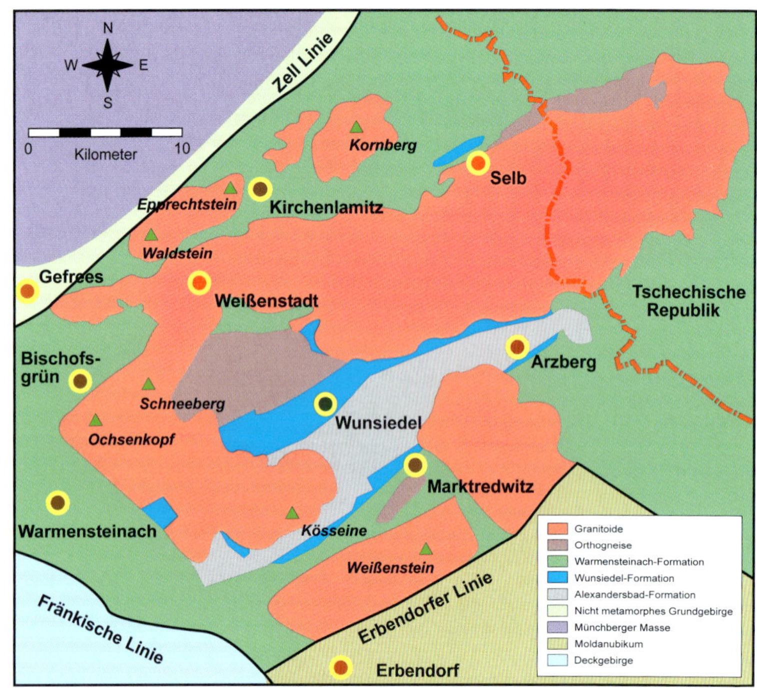

Geologische Übersichtskarte des Fichtelgebirges (modifiziert nach PETEREK & ROHRMÜLLER 2010).

senkungsgeschwindigkeiten des Meeresbeckens. Diese Ablagerungen sind uns als die ältesten Gesteine des Fichtelgebirges in der metamorphen Arzberger Serie erhalten geblieben. In diese Ablagerungen drangen am Meeresboden entlang von Spreizungszonen basaltische Magmen nach oben, die in der Geologie als MORB (mid ocean ridge basalt) bezeichnet werden. An der Wende zum Devon vor etwa 420 Mio. Jahren wurde der Meeresboden im Zuge der Kaledonischen Gebirgsbildung vermutlich aus dem Meer herausgehoben, sodass sich eine kurze Festlandszeit anschloss. Zu dieser Zeit kam es zur Intrusion saurer Magmen, die uns heute als prävariszische Orthogneise erhalten sind. Doch schon im Mitteldevon versank das Festland wieder in den Fluten des Meeres.

saure Magmatite: kieselsäurereiche Magmatite (> 63 Gew.-% SiO_2), z. B. Granit

Orthogneis: Gneis, dessen Ausgangsgestein ein magmatisches Gestein war

Die Variszische Gebirgsbildung

Die Kontinentaldrift ließ den Kontinent Gondwana langsam nach Norden wandern, wo er im Unterkarbon vor etwa 350 Mio. Jahren den Nordkontinent Laurussia etwa auf der geographi-

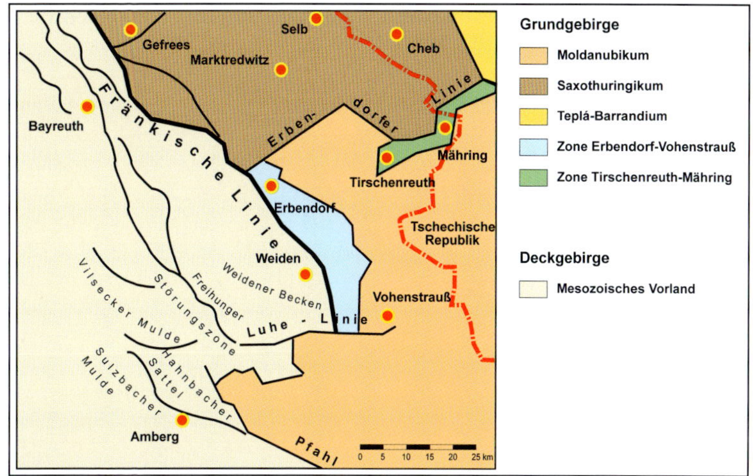

Tektonischer Bau Nordbayerns. Getrennt wird das Grundgebirge vom westlich angrenzenden mesozoischen Vorland durch die Fränkische Linie, der prägenden Störung in Nordostbayern.

schen Breite des Äquators einholte. Als Folge dieser Kollision türmte sich das Variszische Gebirge auf und die beiden Kontinente wuchsen zum neuen Superkontinent Pangäa zusammen. Dabei wurden riesige Gesteinspakete oft mehr als 20 km in die Tiefe gedrückt und bei Temperaturen von bis zu 700 °C und hohem Druck zu metamorphen Gesteinen umgewandelt. Während aus tonig-sandigen Sedimenten Gneise oder Phyllite entstanden, wandelten sich die untermeerischen Basalte in Serpentinite um, die nahe Grötschenreuth bei Erbendorf am Rande des Steinwaldes oder am Haidberg bei Zell i. Fichtelgebirge gut aufgeschlossen sind. Diese Gebirgsbildung ist wohl das wichtigste geologische Ereignis in Nordostbayern. Von dieser Zeit an behielt das Alte Gebirge seinen festländischen Charakter.

Gondwana: Großkontinent, der die heutigen Südkontinente und Indien umfasste

Pangäa: alle heutigen Kontinente umfassender Großkontinent

An der Ottenleite bei Goldkronach stehen schwach metamorphisierte Sedimentgesteine an: die silbrig schimmernden Phyllite. Die Ausgangsgesteine für die Phyllite waren tonige Sedimente, die vor 500 Mio. Jahren im Kambro-Ordovizium in einem Tiefseebecken abgelagert wurden. Der mit der Variszischen Gebirgsbildung verbundene Temperatur- und Druckanstieg führte zu einer Regionalmetamorphose, die für unsere Tiefseesedimente die Umwandlung zu Phylliten zur Folge hatte. Schön sind hier auch die eingeschalteten oberdevonischen Diabasgänge zu sehen.

Regionalmetamorphose: großräumige Metamorphose über große Volumina

Diabas: schwarzgrünliches metamorphisiertes, basaltisches Ergussgestein (Paläobasalt)

Landschaft aus Granit: Das Intrusionsgeschehen im Fichtelgebirge

Im Inneren des entstehenden Variszischen Gebirges stiegen die Temperaturen so stark an, dass Teile seiner Kernzone aufzuschmelzen begannen. Die dabei vor 350 – 290 Mio. Jahren gebildeten Magmen stiegen entlang von Aufstiegskanälen nach oben, erreichten aber die Erdoberfläche nicht, sondern erstarrten in einer Tiefe von 2,5 – 5,0 km (SIEBEL et al. 1997) unter der Erdoberfläche als granitische Intrusivgesteine, die heute große Teile des Fichtelgebirges prägen. Die Intrusionen lassen sich in Nordostbayern nach neueren Forschungsergebnissen in drei Hauptphasen gliedern.

Die Hauptphasen der magmatischen Intrusionen

Den Anfang bildeten die Redwitzite, die im Gegensatz zu den hellen Graniten viele magnesium- und eisenreiche, dunkle (mafische) Mineralien wie Biotit, Hornblende und Pyroxen aufweisen, was ihre Verwandschaft mit einer Mantelschmelze zeigt. Die Redwitzite kristallisierten vor ungefähr 323 Mio. Jahren im oberen Unterkarbon (SIEBEL et al. 2009). Ihr Hauptverbreitungsgebiet liegt bei Marktredwitz. Sie gehen räumlich oft fließend in die etwa zeitgleich entstandenen ältesten Fichtelgebirgsgranite über.

Redwitzite s. Seite 42

Granit / Granitoid			Petrographie	Alter [Mio. a]
Erste granitoide Intrusionen / Redwitzite			fein- bis grobkörnige Granodiorite bis Gabbros	ca. 325 ± 4
Ältere Granite	**G 1**	**Porphyrgranit**	prophyrischer, mittel- bis grobkörniger Granit	ca. 324 ± 2
	G 1R	**Reutgranit**	schwach porphyrischer, fein- bis mittelkörniger Granit	ca. 326 ± 2
	G 1HS	**Holzmühlgranit**	mittel- bis grobkörniger Granit (nur lokale Verbreitung)	ca. 326 ± 2
	G 1S	**Selber Granit**	fein- bis mittelkörniger Zweiglimmergranit	ca. 326 ± 2
Jüngere Granite	**G 2**	**Randgranit**	fein- bis mittelkörniger, porphyrischer Zweiglimmergranit	ca. 299 ± 4
	G 2K	**Kösseine-Granit**	mittelkörniger Porphyrgranit (z. T. auch porphyrisch)	ca. 287 ± 3
	G 3	**Kerngranit**	mittel- bis grobkörniger Zweiglimmergranit	ca. 291 ± 6
	G 3K	**Kösseine-Kerngranit**	grobkörniger, cordierit- und granatführender Biotitgranit	ca. 286 ± 3
	G 4	**Zinngranit**	mittel- bis grobkörniger Zweiglimmergranit (häufig mit pegmatitischen Drusen)	ca. 298 ± 2
Ganggesteine				
Rhyolith- und Rhyodacit bei Göpfersgrün			Quarz- und feldspatreiche, porphyrische Vulkanite	ca. 297 ± 5
Proterobasgänge am Ochsenkopf			Feinkörnige, intermediäre bis basische, feinkörnige Ganggesteine	ca. 297 ± 3
Hydrothermale Gänge			Quarz- und Erzgänge (z. B. Eisenerz am Gleißinger Fels)	ca. 290 ± 10

Granitoide des Fichtelgebirges (modifiziert nach HECHT 1998 und SIEBEL et al. 2010).

Die ältesten Granite des Fichtelgebirges sind in ihrer Struktur meist grob- bis mittelkörnig und zeichnen sich durch große Kalifeldspatkristalle aus. Zu ihnen gehören der Weißenstädter-Marktleuthener Granit, der Reutgranit, der Selber Granit und der Holzmühlgranit. Obwohl sie mit einer Erstreckung von Gefrees über Weißenstadt, Marktleuthen, Röslau, Selb und Thiersheim bis zur Landesgrenze nach Tschechien flächenmäßig die größte Verbreitung haben, treten sie nicht als markante Gipfel in Erscheinung. Es folgten vor 315 – 310 Mio. Jahren die Granite der nördlichen Oberpfalz mit dem Steinwald und dem Waidhaus-Rozvadov-Komplex.

Ältere Granite *s. Seite 46*

Das Eindringen der Jüngeren Granite vor 305 – 295 Mio. Jahren stellt die dritte Phase des Intrusionsgeschehens dar. Die höchsten Gipfel des Fichtelgebirges wie Ochsenkopf, Kösseine, Schneeberg, Waldstein und Epprechtstein gehören zu den Jüngeren Graniten (SIEBEL et al. 1997, SIEBEL et al. 2010). Sie lassen sich noch feiner in

- Randgranit, ein Zweiglimmergranit mit fein- bis mittelkörniger Struktur
- Zinngranit, ein Zweiglimmergranit mit mittel- bis grobkörniger Struktur
- Kösseine-Randgranit, ein mittelkörniger Biotitgranit mit teilweise porphyrischer Struktur
- Kösseine-Kerngranit, ein grobkörniger und granat- und cordieritführender Biotitgranit

untergliedern.

Jüngere Granite *s. Seite 60*

porphyrische Struktur: größere Mineraleinsprenglinge in dichter oder feinkörniger Grundmasse

Den Abschluss des variszischen Magmatismus bilden aplitische Ganggesteine wie zum Beispiel die in der Johanneszeche bei Wunsiedel, die mineralreichen Pegmatitvorkommen bei Selb und die zum Teil erzhaltigen Gangmineralisationen wie die Hämatitvorkommen bei Fichtelberg.

Ganggesteine *s. Seite 75*

Pegmatite *s. Kasten Seite 72*

In den folgenden Jahrmillionen bis zum Ende des Erdmittelalters kehrte geologisch gesehen Ruhe im Fichtelgebirge ein. Zumindest sind keine in diesem Zeitraum gebildeten Gesteine überliefert. Man bezeichnet diesen Abschnitt deswegen als „die große Schichtlücke im Fichtelgebirge“. Über diese Jahrmillionen hatte das Fichtelgebirge festländischen Charakter (Geokratie) und war Abtragungsgebiet, dessen Sedimente größtenteils westlich der Fränkischen Linie abgelagert wurden und dort einen Teil des Deckgebirges bilden.

Aplit: aus granitischen Restschmelzen entstandenes helles feinkörniges Ganggestein

Gang: Spaltenfüllung in Festgesteinen

zu den genannten Mineralien s. auch die Tab. auf Seite 107

Tertiär: Basalte, Ton und Edelsteine

Im Tertiär waren zwar viele geologische Grundstrukturen, die wir heute kennen, schon vorhanden, doch Klima und Landschaftsbild müssen wir uns völlig anders vorstellen. Zu dieser Zeit lag die durchschnittliche Jahrestemperatur bei über 20 °C und die Niederschlagswerte waren deutlich höher als heute, sodass sich eine immergrüne, üppige Vegetation entwickeln konnte.

Diese klimatischen Rahmenbedingungen brachten eine tiefgründige Verwitterung der Erdoberfläche mit sich und die damals vorherrschende, für solche Klimate charakteristische flächenhafte Abtragung führte zur Entstehung ausgedehnter, flacher Reliefformen. Über diese sogenannten Rumpfflächen erhoben sich als Inselberge Kuppen aus variszischen Graniten, die gegen die Kräfte der Verwitterung weniger anfällig waren als die sie umgebenden metamorphen Gesteine.

tektonisch: die Bewegungsvorgänge in der Erdkruste betreffend

Das für Mitteleuropa bis heute prägende Ereignis war plattentektonischer Natur: die Auffaltung der Alpen. Im Tertiär, vor etwa 53 Mio. Jahren, begann die Afrikanische Platte nordwärts zu driften und sich über die Adriatische Platte zu schieben. Diese erste Kollision und die damit verbundene Gebirgsbildungsphase dauerten nur ca. 5 Mio. Jahre. Der frühere Kontinentalrand Alt-Europas geriet dabei weit unter das alpine Deckenstockwerk. Im nordostbayerischen Bereich und im Erzgebirge führte diese erste Phase der Alpidischen Gebirgsbildung zu einer Reaktivierung alter Störungen. Da der schon metamorphisierte Teil Nordostbayerns wegen seines spröden Materialverhaltens nicht mehr mit Faltung reagieren konnte, kam es zur Bildung von Bruch- und Pultschollen sowie Aufwölbungen.

Lithosphäre: Gesteinshülle, die die Erdkruste und Teile des oberen Mantels umfasst; ihr folgt nach unten die Asthenosphäre, auf der die Lithosphärenplatten „schwimmen"

Durch das Hinunterdrücken der leichteren kontinentalen Kruste der überfahrenen Platte in den schwereren oberen Erdmantel setzte vor etwa 35 Mio. Jahren in der Alpenregion eine rasche Hebung als Ausgleichsbewegung ein, die bis heute anhält. Das wiederum führte in Mitteleuropa zu einem Dehnungsregime. Die starre Lithosphäre konnte dieser Dehnung auf Dauer nicht standhalten und es kam zur Ausbildung von großen Grabenbrüchen. Dieser Vorgang wird von Geologen als passives Rifting bezeichnet. Vom Limagne-Graben in Frankreich über den Oberrheingraben bis hin zum Egergraben als östlichsten Vertreter werden diese Rifte unter der Bezeichnung European Cenozoic Rift System (ECRIS) zusammengefasst.

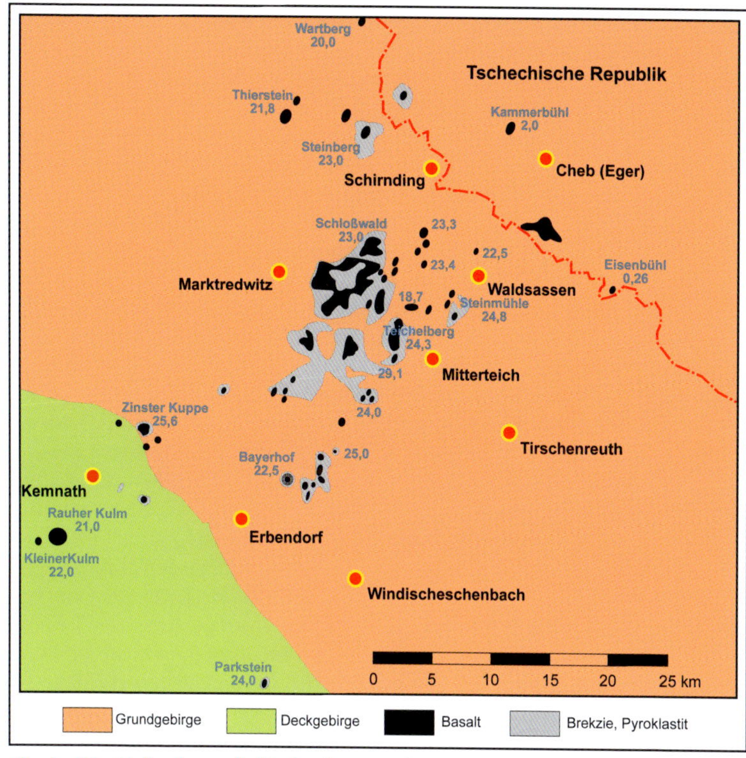

Der tertiäre Vulkanismus in Nordostbayern mit seinen Deckenergüssen und Vulkanruinen folgt dem Eger-Rift (modifiziert nach ROHRMÜLLER et al. 2005).

Das Eger-Rift

Das für Nordbayern und Tschechien prägende Eger-Rift entstand im Schnittpunkt dreier alter Mikroplatten (Moldanubikum, Teplá-Barrandium und Saxothuringikum). Während sich in den Senkungszonen Sedimente ablagerten, kam es entlang von Brüchen in der Lithosphäre, die bis tief in die Asthenosphäre reichten, zum Aufstieg basaltischer Magmen. Auch wenn die vulkanischen Aktivitäten schon in der Oberkreide vor etwa 70 Mio. Jahren im Böhmischen Mittelgebirge ihren Anfang genommen hatten, so erreichten sie erst vor etwa 30 Mio. Jahren mit dem Ausbruch des riesigen Duppauer Vulkans im zentralen Egergraben ihren Höhepunkt. Die zahlreichen Vulkane Nordostbayerns sind mit Altern zwischen 20 und 26 Mio. Jahren etwas jünger.

Isotope: Atomkerne eines Elements mit unterschiedlicher Massenzahl (Gewicht); Isotopenverhältnisse erlauben oft Aussagen über die Bildungsbedingungen oder das Alter von Gesteinen

Informationen über die Herkunft der Magmen liefern Mitbringsel aus der Tiefe. Neben Olivinknollen brachten die Basaltschmelzen weitere Fremdgesteine (Xenolithe) mit teilweise seltenen Mineralien an die Oberfläche. Die im westlichen Egergraben gefundenen Zirkonkristalle entstammen dem Erdmantel und erlauben durch Isotopenuntersuchungen Aussagen über die Druck- und Temperaturverhältnisse an ihrem Entstehungsort. Sie wurden nach neueren Erkenntnissen in einer Tiefe von 60 – 80 km und bei etwa 900 °C gebildet.

Gegenwärtig gibt es im Egergraben zwar keine aktiven Vulkane, und die jüngsten Vulkanausbrüche am Kammerbühl und Eisenbühl im benachbarten Tschechien liegen schon einige Hunderttausend Jahre zurück, doch genau genommen hält die vulkanische Aktivität noch heute an. Geochemische Analysen von Isotopen der immer noch aufsteigenden Gase und die regelmäßigen, wenngleich nicht sonderlich starken Schwarmbeben lassen den Schluss zu, dass der Vulkanismus hier noch nicht zur Ruhe gekommen ist.

Das etwa von Südwesten nach Nordosten streichende, auf den ersten Blick nicht sehr spektakuläre Eger-Rift prägt bis heute als Teil der Europäischen Hauptwasserscheide die Flusssysteme Mitteleuropas: Alle nördlich dieser geologischen Aufwölbung gelegenen Einzugsgebiete entwässern in Richtung Nord- und Ostsee, während die südlich davon gelegenen Flüsse zur Donau und damit zum Schwarzen Meer hin fließen.

Die Bewegungen im Egergraben hatten eine komplexe Bruchtektonik zur Folge. Während sich diese Senkungszone im benachbarten Böhmen in der Landschaft am südlichen Steilabfall des Erzgebirges und im Süden vom Kaiserwald morphologisch deutlich erkennen lässt, sind die Zusammenhänge in Bayern wesentlich komplexer und nicht so augenfällig. Hier entwickelte sich ein System von kleineren Hebungs- und Senkungszonen. Dabei kam es bis in das mittlere Miozän hinein in kleineren Becken- und Rinnenstrukturen zur Ablagerung von bis zu 100 m mächtigen Ton-, Schluff-, Sand- und zum Teil auch Kieslagen.

In diesen langsam absinkenden Niederungen konnten sich in Altwässern abgestorbene Pflanzenreste in großen Mengen anreichern, was mit der Zeit zur Bildung ausgedehnter Torflager führte. Sie lassen sich mit Hilfe von fossilen Blattfloren in das späte Oligozän oder frühe Miozän datieren (BRAND 1954). Aus diesen Pflanzenresten entwickelten sich durch Inkohlung Braunkohlen, die auf bayerischem Gebiet in mehreren kleinen Revie-

Miozäne Pflanzenreste (Samen) aus der Braunkohle von Arzberg; Bildbreite 6,3 cm.

ren zwischen dem oberpfälzischen Pilgramsreuth südwestlich von Marktredwitz und der Landesgrenze bei Schirnding stellenweise bis zu einer Tiefe von 90 m gewonnen wurden. Im Fichtelgebirge sind Braunkohlenaufschlüsse heute nur noch an wenigen Stellen anzutreffen, wie zum Beispiel in einer Tongrube der Firma Hart bei Schirnding unweit der tschechischen Grenze. Das Betreten dieser Grube ist aber aus Gründen der Betriebssicherheit nicht gestattet.

Pleistozän: Fließende Erden und Meere aus Stein

Dem Tertiär mit seinen intensiven und weit in die Tiefe wirkenden Verwitterungsprozessen folgte mit dem Pleistozän ein Zeitabschnitt, der eine massive Klimaverschlechterung mit sich brachte. Während mehrerer Eiszeiten, die von Phasen mit wärmerem Klima unterbrochen wurden, stießen Gletscher aus dem skandinavischen und alpinen Raum bis weit nach Deutschland vor. Das Fichtelgebirge selbst war nie vergletschert, sondern lag im periglazialen Vorfeld der großen Vereisungsgebiete. Hier herrschte bis in große Tiefen Dauerfrost (Permafrost), jedoch tauten während der wenigen Sommermonate die Böden oberflächlich auf. Dieser Wechsel zwischen Auftauen und Wiedergefrieren hatte oberflächlich Bewegungen im wasserdurchtränkten Boden zur Folge (Kryoturbation), die sich in der Ausbildung von Würge- und Taschenböden bis in eine Tiefe von bis zu maximal 2 m zeigen. Dies dürfte in etwa der damaligen sommerlichen Auftautiefe entsprechen.

periglazial: das Umfeld von vergletscherten Gebieten betreffend

Beim Auftauen setzte sich das breiartige Gemisch aus verwittertem Gestein und Wasser über dem noch gefrorenen Untergrund schon bei sehr geringen Hangneigungen in Bewegung. Dieser als Solifluktion (Bodenfließen) bezeichnete Abtragungsprozess war eine flächenhafte Bodenbewegung, welche die im Pliozän einsetzende Abtragung der im vorangegangenen Zeitraum entstandenen Zersatzmassen weiter verstärkte. Im Fichtelgebirge sind Fließerden und Fließlehme in Mulden, Tälern und zum Teil an sehr flachen Unterhängen weit verbreitet.

Solifluktion *s. auch Seite 56*

Die damalige Landschaft war wegen des Fehlens einer geschlossenen Pflanzendecke für Erosionsprozesse ausgesprochen anfällig, da das während der Wintermonate in Form von Eis gespeicherte Wasser beim Auftauen großflächig und flutartig freigesetzt wurde. Ein großes Erosionspotenzial ging mit einem hohen Transportvermögen der dann entstehenden Flüsse einher und führte zu einer noch heute zu erkennenden Ausgestaltung der Erdoberfläche. Einerseits wurden also die im Tertiär entstandenen Lockersedimente als Schuttmassen in Täler und Senken transportiert, und andererseits der anstehende Felsverbund von seinem Schuttmantel befreit, was uns die heute zu sehenden Felsburgen bescherte. Zu dieser Zeit kam es auch zu vermehrter Blockschuttbildung und zur Entstehung der Felsenmeere in den Granitgebieten. Da die Mächtigkeit der vorhandenen Schuttmassen in den Tälern und Senken des Fichtelgebirges nicht durch die Wasserführung der heutigen Bäche und kleinen Flüsse erklärt werden kann, muss der Großteil der Talsedimente im Pleistozän entstanden sein.

Holozän: Die geologische Gegenwart

Als vor ca. 10 000 Jahren die letzte Eiszeit endete und sich das Klima wieder besserte, entwickelte sich rasch eine geschlossene Pflanzendecke und die Wiederbewaldung des Fichtelgebirges begann. Das hatte für die weitere Ausgestaltung der Landschaft zur Folge, dass die für das Pleistozän charakteristischen Bodenbewegungen endeten und bestehende geomorphologische Formen bis in die Jetztzeit erhalten blieben.

Die fast vollständige Bewaldung verhindert bis heute die für das Pleistozän charakteristischen und extrem stark erodierenden Frühjahrsüberschwemmungen, weil die Niederschläge großenteils in den Böden und Pflanzen gespeichert werden. Mit

Fichtelsee; im Hintergrund der mit 1051 m höchste Berg des Fichtelgebirges, der Schneeberg.

diesem ausgeglichenen Wasserhaushalt wurde natürlich die Transportkraft des abfließenden Wassers schwächer und das Erosionsvermögen der Flüsse und Bäche nahm stark ab. Da wegen der niedrigen Temperaturen oft keine vollständige Zersetzung der neu entstandenen Biomasse möglich war, begannen sich in höheren Lagen oder Senken großflächig Moore zu entwickeln. Wegen des verbreiteten Torfabbaus in den vergangenen Jahrhunderten sind nur noch wenige von ihnen vorhanden, so zum Beispiel das Moor am Fichtelsee oder die Torfmoorhölle.

Mit der Besiedelung des Fichtelgebirges begann der Mensch, das Landschaftsbild grundlegend zu verändern. Die kulturlandschaftliche Entwicklung des Fichtelgebirges hängt stark mit seiner Bergbaugeschichte zusammen. So setzte nach der Verleihung des Bergregals von Kaiser Ludwig dem Bayern an den Burggrafen Friedrich IV. von Nürnberg im Jahre 1323 ein intensiver Bergbau im Fichtelgebirge ein. Da der Bergbau und die Erzverhüttung schon damals einen immensen Holzbedarf hatten, führte das zu großflächigen Rodungen. Bei Wiederaufforstungen erfolgte eine Bevorzugung gut nutzbarer Arten, insbesondere der Fichte, was sich bis heute im Landschaftsbild widerspiegelt. Ihr Anteil liegt heute bei 93 %.

Für die bergbaulichen Nutzungen wurde zudem erheblich in das Flusssystem des Fichtelgebirges eingegriffen. Die

Zinnseifen s. Seite 70

vor Mio. Jahren	Periode	Gesteine	Geologische Ereignisse		
	Quartär	Auensedimente, Moore Hangschutt, Fließerden	Entwicklung des Eger-Rifts	Lineare Erosion	
2,6	Tertiär	Kiese, Sande, Tone Basalte Flusssedimente, Braunkohle	Entwicklung des Eger-Rifts	Rumpfflächenbildung Vulkanismus	
65	Perm bis Kreide	Zeit der Geokratie mit Verwitterung und Abtragung			
290	Karbon	Redwitzite, Granite, Ganggesteine Metamorphite	Variszische Orogenese	Variszische Intrusionen	
326	Devon	Tonschiefer	Variszische Orogenese	Plattenkollision	
417	Silur	Kieselschiefer			Sedimentation
443	Ordovizium	Dunkle Schiefer	Gräfenthal-Gruppe	Warmensteinacher Serie	Sedimentation
	Ordovizium	Phycodenquarzit	Phycoden-Gruppe	Warmensteinacher Serie	Sedimentation
	Ordovizium	Phycodenschiefer	Phycoden-Gruppe	Warmensteinacher Serie	Sedimentation
	Ordovizium	Frauenbachquarzit	Frauenbach-Gruppe	Warmensteinacher Serie	Sedimentation
	Ordovizium	Quarzphyllit / Plattenquarzit	Frauenbach-Gruppe	Warmensteinacher Serie	Sedimentation
495	Kambrium	Serizitische Phyllite	Wunsiedel-Formation	Arzberger Bunte Gruppe (Arzberger Serie)	Sedimentation
	Kambrium	Marmor, graphithaltiger Schiefer und Quarzit	Wunsiedel-Formation	Arzberger Bunte Gruppe (Arzberger Serie)	Sedimentation
	Kambrium	Quarzit, Phyllit, Quarzphyllit, Metaarkosen, Metagrauwacken	Alexandersbad-Formation	Arzberger Bunte Gruppe (Arzberger Serie)	Sedimentation
	Kambrium	Bändergneise und -quarzite	Elisenfels-Formation	Arzberger Bunte Gruppe (Arzberger Serie)	Sedimentation

Stratigraphie des Fichtelgebirges und des Waldsassener Schiefergebirges (modifiziert nach PETEREK & ROHRMÜLLER 2010).

Zinnseifenwäsche beeinflusste das Gewässernetz des Naturraumes massiv, indem Bäche umgeleitet und neu angelegt wurden. So wurde Wasser der Steinach und des Mains über die Europäische Hauptwasserscheide künstlich der Fichtelnaab zugeführt. Der Weiße Main würde eigentlich am Seehaus zwischen Nußhardt und Seehügel entspringen, wenn nicht der Seehausbach im 18. Jahrhundert oberhalb des Fichtelsees in das System der Naab abgeleitet worden wäre. Alle größeren stehenden Gewässer des Fichtelgebirges wie der Fichtelsee, der Karchesweiher, der Weißenstädter See oder der Nageler See sind ehemalige Staubecken, angelegt für den Antrieb von Wasserrädern zum Betrieb von Hammerwerken oder Trifteinrichtungen.

stratigraphisch: die Schichtenfolge betreffend

Für die Granitgewinnung wurden Felsformationen abgetragen, da es Steinbrüche im heutigen Sinne noch nicht gab. Dies hatte zur Folge, dass malerische Felspartien, wie zum Beispiel auf dem Epprechtstein, diesem frühen Raubbau zum Opfer fielen. Um diesen unkontrollierten Abbau zu ordnen, erließ Markgraf Georg Wilhelm im Jahr 1721 eine Verordnung, die nur vom Bergamt zugelassenen Handwerkern die Granitgewinnung auf festgesetzten Flächen erlaubte.

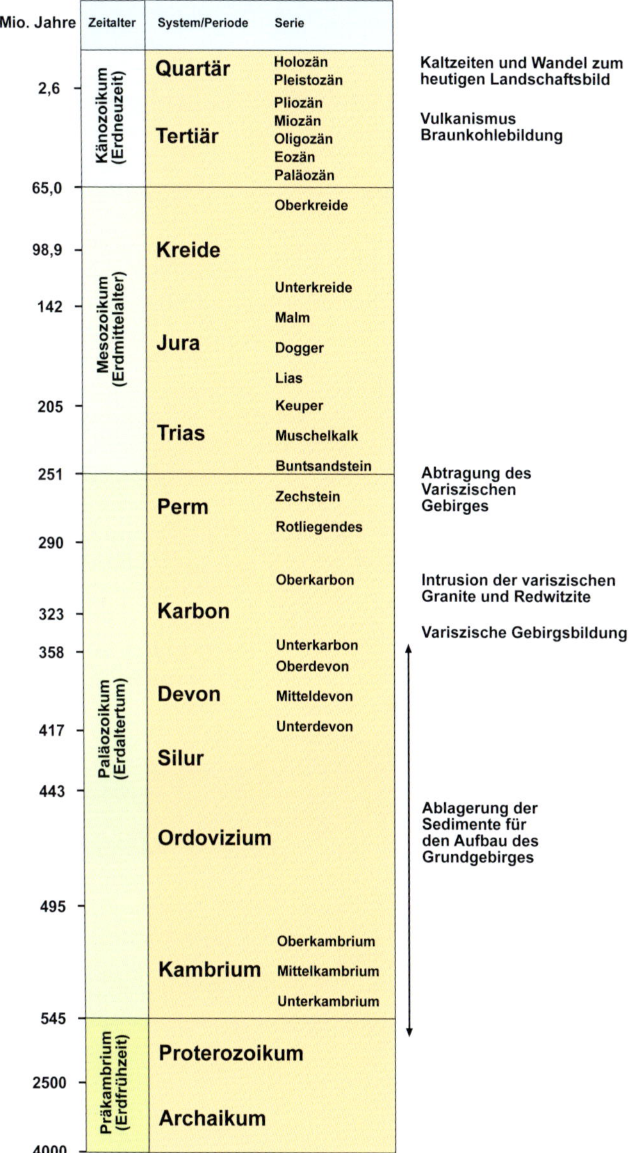

Geologische Zeittafel mit der zeitlichen Zuordnung der für das Fichtelgebirge wichtigsten Ereignisse der Erdgeschichte.

Erdgeschichte zum Anfassen

Die ältesten Zeugen: Metamorphite des Fichtelgebirges

Ein Blick auf das Fichtelgebirge: Der Weißenstein bei Stammbach

Auch wenn der Weißenstein bei Stammbach im Landkreis Hof nicht zum Fichtelgebirge gehört, bietet er doch einen guten geologischen Einstieg, nicht zuletzt, weil der 20 m hohe, im Jahr 1925 aus Eklogit erbaute Aussichtsturm einen herrlichen Rundblick über die Landschaftseinheiten Oberfrankens bietet. Bei klarer Sicht reicht der Blick im Osten zum Steilanstieg des Fichtelgebirges, über die Münchberger Gneismasse zu den Frankenwaldhöhen und zum Thüringer Wald im Norden sowie in die Fränkische Schweiz im Südwesten. Man erreicht dieses Geotop über die A 9, die man an der Ausfahrt Münchberg-Süd verlässt und weiter in Richtung Stammbach fährt. Der Weg zum Weißenstein ist gut ausgeschildert und führt zu einem Parkplatz direkt am Weißensteingipfel.

Der Name „Eklogit“ leitet sich vom altgriechischen Wort „eklektos“ (ausgewählt) ab. Dieses farbenprächtige Gestein besteht zu etwa 40 Vol-% aus roten Granatkristallen, die in einer schwarzgrünen, aus Klinopyroxen (Omphacit) bestehenden Grundmasse (etwa 46 Vol-%) eingebettet sind. Die restlichen 4 Vol-% bilden überwiegend Zoisit, Rutil, Quarz, Phengit und wenige weitere akzessorische Mineralien.

akzessorische Mineralien: mineralische Nebengemengteile (< 1 %) eines Gesteins

Subduktion: das Abtauchen einer Erdplatte unter eine andere

Ausgangsgesteine für die Bildung des Eklogits waren untermeerische Basalte, wie sie an den Spreizungszonen der Mittelozeanischen Rücken auftreten. Bei deren plattentektonischer Subduktion in der Frühphase der Variszischen Gebirgsbildung vor etwa 390 Mio. Jahren gelangten sie in tiefere Bereiche der Erdkruste. Die hohen Druck- und Temperaturbedingungen führten zur Metamorphose des Ausgangsgesteins. Aus dem ursprünglichen Basalt bildete sich zunächst Grünschiefer und bei weiter steigenden Temperaturen und Drücken Amphibolit. Beim folgenden Abtauchen in eine Tiefe von 40 – 60 km, wo Temperaturen von ca. 620 °C und ein Druck von ca. 20 kbar herrschen, wird Kristallwasser in Form von Hydroxidionen (OH-Ionen) im Kristallgitter der gesteinsbildenden Mineralien gebun-

Eklogit vom Weißenstein bei Stammbach; Bildbreite 20 cm.

den. Unter derartigen Bedingungen sind die im basaltischen Ausgangsgestein enthaltenen Feldspäte nicht mehr stabil und es kommt zur Umwandlung zu Granat und Pyroxen, die den Eklogit kennzeichnen. Mit einem spezifischen Gewicht von 3,3 g/cm³ ist er deutlich schwerer als der ursprüngliche Basalt mit 3,0 g/cm³.

Normalerweise werden an Subduktionszonen in die Tiefe transportierte Gesteine vollständig verschluckt und im Erdmantel aufgeschmolzen. Dies war beim Weißensteiner Eklogit ganz offensichtlich nicht der Fall, sodass sich die Frage stellt, wie er wieder an die Oberfläche gelangen konnte. Als der Subduktionsprozess zum Erliegen kam, begannen sich die versenkten Gesteine zu heben, weil sie leichter als das Umgebungsmaterial waren und deshalb einen Auftrieb erfuhren. Das geschah auch bei der Münchberger Gneismasse, wo erstaunlicherweise die am geringsten metamorph überprägten Schichten (Prasinit-Phyllit-Zone) am weitesten unten liegen und die hochmetamorphen Eklogite das oberste Stockwerk bilden. In den Jahrmillionen der Erdgeschichte wurde der Eklogit durch die Kräfte der Erosion von seinem überdeckenden Gebirge befreit und steht heute an der Erdoberfläche an. Das Eklogitvorkommen wurde durch Bohrungen noch in einer Tiefe von 140 m nachgewiesen.

Das Bayerische Landesamt für Umwelt führt den Weißenstein unter Nr. 475A029 als seltenes und überregional bedeutendes Geotop.

Die Frühzeit eines Gebirges: G'steinigt und Elisenfels

Das G'steinigt ist ein geschützter Landschaftsbestandteil, wo die Röslau eine enge Schlucht in die dort anstehenden Gneise und Phyllite geschnitten hat. Das steinige Flussbett und die schroffen Felsbildungen sind vermutlich der Grund für die Namensgebung des G'steinigt. In der Schlucht bietet sich dem Besucher ein guter Einblick in diese ansonsten nur schlecht aufgeschlossenen ältesten Gesteine des Fichtelgebirges. Wäh-

Graphithaltiger, stark verfalteter Phyllit der Arzberger Serie.

rend im oberen Teil der Schlucht gebänderte Gneise und Quarzite der Elisenfels-Serie anstehen, sind im unteren Teil Phyllite der Frauenbach-Gruppe zu sehen. Diese Phyllitfelsen gehören zu den größten Aufschlüssen dieser Gesteinsart in Bayern. In Kombination mit dem Besuch der gut erreichbaren Aufschlüsse bei Elisenfels kann man hier auf etwa 3 km Länge die Frühzeit der Variszischen Gebirgsbildung erwandern.

Um diesen Geotopkomplex zu erreichen, verlässt man die A 93 Regensburg – Hof an der Ausfahrt Marktredwitz-Nord und folgt der B 303 ca. 5 km in Richtung Schirnding bis zur Abfahrt Arzberg-West. Ab hier führt die Kreisstraße WUN 78 in Richtung Arzberg, die man etwa 1,5 km weiterfährt. Kurz nach dem Ortseingang von Arzberg biegt man rechts in Richtung G'steinigt ab. Nach etwa 100 m erreicht man einen kleinen Parkplatz neben einem alten Fabrikgebäude. Nun geht es nur noch zu Fuß oder mit dem Fahrrad weiter und schon nach wenigen Minuten erreicht man den Geotopkomplex in der Röslauschlucht. Durch die Schlucht führt ein landschaftlich reizvoller Wanderweg zu dem im Jahr 2008 wieder aufgewältigten St. Georg-Stollen und weiter nach Elisenfels. Interessant gestaltete Informationstafeln erläutern dabei die Geologie, Landschaft und Bergbaugeschichte des Röslautals.

Im oberen Teil des G'steinigt stehen saxothuringische Gneise und Quarzite der Elisenfels-Serie an, die bei Elisenfels jedoch besser aufgeschlossen sind. Sie wurden im tieferen Kambrium vor 495 – 443 Mio. Jahren, eventuell auch schon früher

Quarzit-Phyllit der Arzberger Serie.

(also im Präkambrium) abgelagert und gelten als die ältesten Gesteine des Fichtelgebirges. Bei genauer Betrachtung der anstehenden Felsen ist zu erkennen, dass die gebänderten Gneise und Glimmerschiefer besonders intensiv verformt wurden. Bei hohem Druck und Temperaturen von mehr als 550 °C wurden sie durch über sie hinweggleitende Gesteinsmassen während der Gebirgsbildung zerschert und zerglitten wie ein aufgebogener Spielkartenstapel. Da sogar ursprünglich vorhandene Falten auseinandergerissen wurden, ergibt sich ein sehr unruhiges und ungleichmäßiges Strukturbild der Gesteine. Die Gneise und Quarzite von Elisenfels unterscheiden sich damit deutlich vom regelmäßigen Erscheinungsbild der anderen Metamorphite des G'steinigt. Daraus lässt sich schließen, dass es sich bei den Gesteinen von Elisenfels möglicherweise um Zeugen entweder einer Gebirgsbildung, die vor der variszischen stattgefunden hat, oder aber einer sehr frühen Phase derselben handelt. Diese Frage wird von Geologen bis heute diskutiert.

Darüber folgt die weniger stark metamorphe Arzberger Serie, deren Ausgangsgesteine im Kambrium und Ordovizium abgelagert wurden. Dieses Schichtpaket, das flächenmäßig in etwa einen gleich großen Anteil wie die Granite des Fichtelgebirges einnimmt, wurde hier erstmals stratigraphisch erforscht und deshalb nach der Stadt benannt. Im Wesentlichen treten in ihr drei verschiedene metamorphe Gesteine auf. In größerer Entfernung zur Küste abgelagerte Tone verfestigten sich zunächst zu Tonschiefer, der in größerer Tiefe durch Regionalmetamorphose zu Phyllit umgewandelt wurde und meist bänderartig eingelagerten Quarz enthält. In geringerer Entfernung zur Küste wurden gröbere Sande abgelagert, die zunächst in Sandstein umgewandelt und schließlich zu Quarzit metamorphisiert wurden. Der Quarzit besteht im Raum Arzberg größtenteils aus Quarz, kann aber gelegentlich auch Feldspat und Glimmer enthalten. Kalkschlämme wurden zunächst zu Kalkstein verfestigt und im Rahmen der Regionalmetamorphose zu Marmor umgewandelt, der im südlichen Marmorzug zwischen Mehlmeisel und Schirnding sowie im nördlichen von Tröstau über Wunsiedel bis nach Hohenberg an der Eger streicht.

Fazies: durch die Bildungsbedingungen verursachte Gesteinsausprägung

Arkose: Feldspat führender Sandstein mit geringen Tonanteilen

Detritus: durch Verwitterung entstandener Gesteinsschutt

Die im unteren Teil des G'steinigt aufgeschlossenen Gesteine der Frauenbach-Gruppe leiten eine Abfolge von Sedimentgesteinen aus dem Ordovizium ein, die sich aufgrund ihrer nur schwachen Überprägung mit Gesteinen der Thüringischen Fazies in Sachsen und Thüringen parallelisieren lassen. Sie ist anfänglich durch Geröllarkosen geprägt, die neben bis zu 2 cm großen Quarzgeröllen viel Feldspatdetritus enthalten. Sie leiten zu den sandigen Schichtgliedern der Frauenbach-Schichten über, über denen im Hangenden die Phycoden-Schichten folgen. In diesen feingebänderten Sedimenten, die auf periodisch wechselnde Sand- und Tonablagerungen schließen lassen, sind häufig Fressspuren des Sedimentbewohners *Phycodes circunatum* zu finden, der als Leitfossil namensgebend für die Schicht ist. Diese Wurmspuren deuten darauf hin, dass es sich bei diesen Gesteinen um ehemalige Flachwasser- oder Wattsedimente gehandelt haben muss. Die darüber folgenden Dach- und Griffelschiefer sind im Fichtelgebirge nicht vorhanden; sie sind erst im nördlich gelegenen Frankenwald anzutreffen.

Das G'steinigt wurde schon im Jahr 1938 aufgrund seiner seltenen Tier- und Pflanzenarten unter Schutz gestellt und wegen seiner landschaftlichen Schönheit und geologischen Bedeutung vom Bayerischen Landesamt für Umwelt als eines der schönsten Geotope Bayerns ausgezeichnet.

Das Eisenerzrevier von Arzberg

Infostelle Kleiner Johannes *s. Kasten Seite 35 sowie Seite 104*

Auch wenn man die Stadt Arzberg eher mit der Porzellanherstellung in Verbindung bringt, lässt der Stadtname erahnen, dass der Erzbergbau namensgebend war. Die Spuren des Eisenerzbergbaus, der im Mittelalter seine Blütezeit hatte, sind vielerorts noch zu finden. Einen guten Einstieg in die Geologie und Bergbaugeschichte dieses Erzreviers bietet die Infostelle Kleiner Johannes mit Förderturm, Schaustollen und einer sehenswerten Mineralienausstellung. Man erreicht die Infostelle, die beim Fußballplatz östlich der Ortsmitte liegt, über die Egerstraße, von der man nach 350 m rechts „Zum Alten Bergwerk" abbiegt.

Eisenerz (Limonit), das Haupterz in der Hutzone des Arzberger Erzvorkommens; Bildbreite 5,6 cm.

Warum kam es gerade hier zur Bildung einer größeren Eisenerzlagerstätte? Die Fichtelgebirgsgranite werden im Süden von einer vermutlich kambrischen, NE–SW-streichenden Phyllitserie begleitet, die nach Süden hin durch konkordant auflagernde ordovizische Gesteinsfolgen begrenzt wird. In dieser Phyllitserie sind bis zu einige Zehnermeter mächtige karbonatische Horizonte eingeschaltet. Sie enthalten als geologische Besonderheit die einzigen echten Marmorvorkommen Deutschlands. Da diese steil bis halbsteil nach Südosten einfallenden Schichten häufig Eisenerze mit einem Erzgehalt zwischen 30 und 50 % enthalten, werden sie als Marmor-Eisenerz-Züge bezeichnet. Die Arzberger Eisenerze sind an den südlichen Marmorzug, der von Dechantsees über Marktredwitz nach Arzberg verläuft, gebunden.

konkordant: zeitlich kontinuierliche Abfolge von Gesteinsschichten

Die im Kambrium und Ordovizium abgelagerten Sedimente unterlagen während der Variszischen Gebirgsbildung einer Regionalmetamorphose. Im Raum Arzberg drangen mit Eisen und untergeordnet Mangan, Blei, Zink und Kupfer beladene Lösungen in den Marmor ein. Dabei bildete sich das primäre Eisenkarbonat Siderit (Weißeisenerz). Der für chemische Verwitterungsprozesse anfällige Marmor verkarstete aufgrund der klimatischen Bedingungen im Tertiär, und in die so entstandenen Hohlräume wurden Zersatzmassen von Marmor, Phyllit und Eisenerz regelrecht eingeschwemmt und teilweise durch

Karst: in Kalk- und Gipsgesteinen häufig anzutreffende Lösungserscheinungen

Der St. Georg-Stollen im Röslautal bei Arzberg.

Limonit (Brauneisenerz) wieder verkittet. In den oberen Bereichen der Lagerstätte entstand so eine Erzbrekzie als Huterz, das in früheren Jahrhunderten sehr einfach und oberflächennah gewonnen werden konnte. Erst als der Bergbau den oberen Teil der Lagerstätte durchteufte und dabei auf den sideritischen Erzkörper traf, wurde klar, dass es sich bei den Huterzen um Verwitterungsprodukte des metasomatisch aus Marmor entstandenen Siderits handelt. Durch das Eindringen von Wasser und durch Oxidation in den oberen Schichten entstand aus dem Siderit oberflächennah Limonit.

Brekzie: durch ein Bindemittel verfestigte eckige Gesteinsbruchstücke

Metasomatose: stoffliche Veränderung durch heiße, mineralhaltige Lösungen

Die einzelnen Erzvorkommen verteilen sich im Arzberger Revier auf mehrere Marmor-Horizonte, von denen nur zwei als beständig angesehen und auf mehr als 4 000 m bergmännisch verfolgt wurden. Es handelt sich bei dieser Lagerstätte um die Einzige im nordostbayerischen Grundgebirge, deren Erzvorräte auf mehr als 10 Mio. t geschätzt wurden (VON HORSTIG & TEUSCHNER 1979). Schon im 14. Jahrhundert führte der Erzreichtum zur ersten Blüte. Mit vielen Unterbrechungen und in unterschiedlicher Intensität wurde bis 1941 in Arzberg Eisenerz gefördert. Der letzte Bergbaubetrieb war die Zeche Kleiner Johannes, die heute als Infostelle ausgebaut ist.

Da nach den „goldenen Zeiten" das Erz aus immer größerer Teufe gefördert werden musste, wurde die Wasserhaltung im hohlraumreichen Marmorzug zum Problem. Gelöst wurde dies durch den 1722 – 1795 vorgetriebenen und im Röslautal angesetzten St. Georg-Stollen. Der ca. 1,4 km lange Stollen führt mit einem geringen Gefälle das Grubenwasser in die Röslau ab. Und noch einen Vorteil hatte dieser Stollen: Das Erz konnte nun leichter gefördert und mit Lastkähnen auf dem Fluss verschifft werden. Doch in der letzten Bergbauperiode 1938 – 1941 sollte die Röslau zum Problem werden. Da die Lagerstätte im oberen Bereich ausgeerzt war, musste man in größere Teufe vordringen. Unterhalb des Niveaus des Flusses war die Wasserhaltung weitaus schwieriger und so wurde trotz mehrerer Mio. t Erzvorräte der Bergbau endgültig eingestellt.

Einen guten Ein- und Überblick kann man sich an der **Infostelle des Naturparks Fichtelgebirge „Bergwerk Kleiner Johannes"** in Arzberg verschaffen, wo der Arbeitskreis Bergbau des Arzberger Fichtelgebirgsvereins in verdienstvoller Weise eine sehenswerte Ausstellung geschaffen hat. Schon im 14. Jahrhundert erwähnen urkundliche Aufzeichnungen ein altes Bergwerk in Arzberg, und um das Jahr 1400 stand der obertägige Erzabbau in voller Blüte, verfiel aber während der Hussiteneinfälle um 1430 zunehmend. Erst unter preussischer Verwaltung im 18. Jahrhundert begann wieder eine bescheidene Blüte des Bergbaus, zuerst im oberen Revier zwischen Arzberg und Röthenbach, später im unteren Revier mit den Gruben Kleiner Johannes und Morgenröte.

In der Zeit von 1792 bis 1796 hielt sich der noch junge **Alexander von Humboldt** als Oberbergrat im Fichtelgebirge auf und besuchte die bestehenden Gruben mehrmals. Er gründete in Arzberg eine Bergschule, um das Bildungsniveau der Bergleute zu heben und die Sicherheit im Abbau zu verbessern. Doch den Niedergang des Bergbaus konnte auch Humboldt nicht verhindern.

Der Lerchenbühl: Ein geologisches Drunter und Drüber

Kambrische Gesteine sind im Fichtelgebirge nur sehr selten gut aufgeschlossen, da sie für Verwitterungsprozesse sehr anfällig sind. Einer der schönsten Aufschlüsse liegt am Lerchenbühl (682 m ü. NN) östlich des Marktes Neualbenreuth im Landkreis Tirschenreuth. Als Ausgangspunkt zu diesem Geotop im Waldsassener Schiefergebirge ist der ab Neualbenreuth gut ausgeschilderte Grenzlandturm (655 m ü. NN) zu empfehlen, wo auch Parkmöglichkeiten bestehen. Dieser im Jahr 1960 erbaute, 19 m hohe Turm bietet bei klarer Sicht einen herrlichen Blick auf die nördliche Oberpfalz, das Fichtelgebirge sowie den Tillenberg, den Kaiserwald und das Egerer Becken im benachbarten Tschechien.

Ab dem Grenzlandturm folgt man einem befestigten Fahrweg etwa 250 m in nördlicher Richtung bis zum Waldrand und biegt rechts, also in östlicher Richtung, in einen Wanderweg ab. Nach ca. 500 m erreicht man eine etwas im Wald versteckt liegende Felsklippe. Bei genauerer Betrachtung lässt sich erkennen, dass sich hier dünne Lagen aus Glimmerschiefer mit dickbankigen Quarziten abwechseln. Diese Gesteine bildeten sich aus Sedimenten, die im Kambrium vor mehr als 500 Mio. Jah-

Blick vom Lerchenbühl auf Neualbenreuth.

ren in einem Meeresbecken auf der Südhalbkugel der Erde abgelagert wurden. Aus den Tonen entstanden durch Metamorphoseprozesse während der Variszischen Gebirgsbildung Glimmerschiefer, aus den quarzhaltigen Sanden wurden Quarzite.

Besonders bemerkenswert ist die lehrbuchartig ausgebildete Verformung der Gesteinspakete am Lerchenbühl: Einerseits ist noch die Schichtung der Ausgangsgesteine zu sehen, andererseits auch die Schieferung des Gesteins. Während die Schichtung durch die Sedimentation entstanden ist, erhält das Gestein eine Schieferung, wenn sich unter dem Druck einer Gebirgsbildung beispielsweise die flachen Plättchen der Tonminerale in Richtung des geringsten Drucks beziehungsweise senkrecht zur Richtung des größten Drucks ausrichten.

Die starren metamorphen Gesteine konnten bei einer weiteren Druckbeanspruchung nicht immer mit Verfaltung reagieren, sondern zerglitten stattdessen oft entlang von Scherflächen mit Winkeln von etwa 30–45° zum maximalen Druck. Dieser Vorgang lässt sich mit dem Auseinandergleiten eines einem seitlichen Druck ausgesetzten Spielkartenstapels vergleichen.

Das am Lerchenbühl anstehende Gestein wurde in seiner geologischen Geschichte im Abstand von Jahrmillionen mehrmals solchen Beanspruchungen ausgesetzt, wobei sich jedes Mal eine neue Schieferung bildete. Bis zu drei Schieferungen lassen sich erkennen. Es handelt sich dabei um Zeugnisse von drei aufeinanderfolgenden Phasen der Variszischen Gebirgsbildung. Jede jüngere Schieferungsfläche wirkte sich auf die älteren aus

Die Metamorphose hat das Gestein am Lerchenbühl regelrecht durchgeknetet; Bildbreite ca. 0,5 m.

und versetzte sie im Gesteinsverbund oder verfältete sie. Um das zu erkennen, muss man aber ganz genau hinsehen, denn diese Prozesse spiegeln sich hier nur im Zentimeterbereich wider.

An den Verformungen der Felsklippe lässt sich erahnen, welche ungeheueren Kräfte auf die Gesteinsfolgen eingewirkt haben müssen. Unruhig gehen Gesteinspartien seitlich ineinander über. Dicke Quarzitlagen dünnen aus und hören manchmal gänzlich auf. Derartige Vorgänge sind nur unter hohem Druck und bei hoher Temperatur möglich, wie sie unter mehr als 10 km Gebirgsauflast herrschen. Unter solchen Bedingungen werden auch metamorphe Gesteine plastisch deformiert und verfaltet, aber auch zerrissen und zerschert.

Was wir heute am Lerchenbühl vor uns sehen, hat mit der ursprünglichen Ablagerungsabfolge nur noch wenig zu tun. Der Geologe bezeichnet dieses durch tektonische Vorgänge neu entstandene Neben- und Übereinander von Gesteinen als Transpositionsgefüge.

Die Marmorzüge des Fichtelgebirges: Das oberfränkische Carrara

In der Natursteinverarbeitung wird der Begriff „Marmor“ häufig irreführend für alle polierfähigen Kalksteine verwendet, wie zum Beispiel für den Treuchtlinger Marmor. Echter Marmor kommt in Deutschland allerdings nur sehr selten vor. Die ein-

Marmor, Dechantsees.

zigen nennenswerten echten Marmorvorkommen verlaufen in zwei etwa NE – SW-streichenden Marmorzügen des Fichtelgebirges und werden schon seit Jahrhunderten abgebaut.

Die Ausgangsgesteine bildeten Kalke, die sich während des Kambriums als Meeressediment ablagerten. Die Marmorvorkommen des Fichtelgebirges zeigen deutlich, dass während des Kambriums eine globale Erwärmung stattgefunden hat. Die Sauerstoffkonzentration in der Atmosphäre stieg weiter an und auch die Konzentration von Kohlendioxid erhöhte sich stetig. Zu Beginn des Kambriums kam es zu einer regelrechten Explosion des Lebens auf der Erde, und so markiert es eine wichtige Periode für die Entwicklung der Tier- und Pflanzenwelt unseres Planeten (die sogenannte kambrische Explosion). Im Zuge einer späteren Versenkung in größere Tiefen gelangten die vermutlich im Flachwasser entstandenen Kalke unter den Einfluss von hohem Druck und hoher Temperatur und wurden dadurch zu Marmor umgewandelt. Es handelt sich also um ein metamorphes Gestein.

Da diese Prozesse hier sehr langsam abliefen, lässt sich in den Marmoren des Fichtelgebirges noch gut ein Richtungsgefüge erkennen, das besonders schön zu beobachten ist, wenn sich helle und dunkle (graphithaltige) Marmorpartien abwechseln. Da der Graphit aus Kohlenstoff besteht, lässt dies auf eine reiche Tier- und Pflanzenwelt in diesem Sedimentationsraum schließen. Gerät Marmor ab einem bestimmten Druck- und Temperaturniveau unter tektonischen Stress, reagiert er darauf nicht zwangsläufig spröde und zerbricht, sondern kann plastisch (duktil) deformiert werden. Dies wiederum hat zur Folge, dass sich manchmal Fließgefüge und mit etwas Glück auch Falten beobachten lassen.

Calcit-Dolomit-Marmor von Dechantsees.

Es gibt petrographisch betrachtet jedoch nicht „den Fichtelgebirgsmarmor“, sondern man unterscheidet nach seiner Zusammensetzung drei Gruppen. Dominiert der Calcit als gesteinsbildendes Mineral, so spricht man von Kalkmarmor. Ist das Calcium-Magnesium-Karbonat Dolomit der überwiegende Gesteinsbildner, wird er als Dolomitmarmor bezeichnet, und wenn silikatische Bestandteile in größeren Mengen beteiligt sind, trägt er naheliegenderweise den Namen Silikatmarmor. Geologisch ist der Marmor der metamorphen Arzberger Serie zuzuordnen.

Dass dieses schöne und leicht verarbeitbare Gestein schon früh als Werkstein verwendet wurde, liegt auf der Hand. Und Wunsiedel, das förmlich auf Marmor gebaut ist, konnte sich schon im 12. Jahrhundert rühmen, eine Stadtmauer aus „Marbelstein“ zu besitzen. In Wunsiedel sollte man es nicht versäumen, neben dem Fichtelgebirgsmuseum mit seiner sehenswerten Sammlung heimischer Mineralien auch die Friedhofskapelle aufzusuchen, an deren Außenmauer sich Grabplatten aus Wunsiedeler Marmor befinden. Die ältesten von ihnen stammen aus dem 15. Jahrhundert und zeugen von den hohen handwerklichen Fähigkeiten zu dieser Zeit.

Kontakt Fichtelgebirgsmuseum s. Seite 102

Ab dem 19. Jahrhundert begann im damals hoch industrialisierten Fichtelgebirge die Blüte des Marmorabbaus. Ursache dafür war jedoch nicht, wie man vermuten könnte, die Gewinnung von Werksteinen, denn dafür war der Marmor tektonisch zu sehr zerrüttet. Vielmehr kam das Gestein bei tech-

Marmor, Sinatengrün.

Sternquarz im Calcit von Göpfersgrün; Bildbreite 5,8 cm.

nischen Prozessen zum Einsatz, etwa in der Glas- und Porzellanindustrie, oder als Rohstoff für die Herstellung von Branntkalk. Neben zahlreichen Gewinnungsbetrieben gab es einige Mineralmühlen und Kalköfen in Wunsiedel. Heute ist von dieser Industriesparte kaum noch etwas vorhanden. Von den vielen Abbaubetrieben im Fichtelgebirge sind nur noch wenige übrig geblieben, wie zum Beispiel die Steinbrüche in Holenbrunn oder Sinatengrün.

Da das klüftige Gestein große Wassermengen enthält, saufen die Brüche mit Ende des Abbaus meist ab, sodass gute Aufschlüsse, an denen sich die Geologie noch studieren lässt, nicht so häufig sind. In den Steinbrüchen, wo das noch am ehesten möglich wäre, ist das Betreten aus Gründen der Betriebssicherheit verboten.

Einen der wenigen, leider stark verwachsenen Aufschlüsse dieses seltenen Geotoptyps stellt der ehemalige Marmorsteinbruch Stemmaser Bühl dar. Er wird im Geotopkataster des Bayerischen Landesamtes für Umwelt unter der Geotop-Nr. 479A002 als bedeutend eingestuft, da es nur vier vergleichbare Aufschlüsse in der Region gibt. Gute Aufschlussverhältnisse sind in einem nordwestlich davon gelegenen aktiven Steinbruch gegeben. Vor dem Besuch ist in jedem Fall bei den Eigentümern um Erlaubnis zu fragen. Um diese Aufschlüsse zu erreichen, verlässt man die A 93 Regensburg – Hof an der Ausfahrt Thiersheim und folgt der Staatsstraße St 2180 in Richtung Thiersheim und dann weiter nach Stemmas. Im Ort biegt man an der ersten größeren Straße nach links ab und folgt nach ca. 100 m dem rechten Abzweig in Richtung Steinbruch.

Neben ihrer geologischen Bedeutung haben die Marmorvorkommen des Fichtelgebirges auch mineralogisch einiges zu bieten. Viele der mehr als 80 dort vorkommenden Mineralien lassen noch heute die Herzen der Mineraliensammler höher schlagen, und manche davon zählen zu den mineralogischen Klassikern Deutschlands. Besonders attraktiv sind mehrere Zentimeter große, oft wasserklare Bergkristalle und zum Teil über 15 cm große Calcitkristalle, die sich in Lösungshohlräumen des verkarsteten Marmors aus übersättigten Lösungen gebildet haben.

Mit dem Niedergang des Marmorabbaus haben sich die Chancen auf gute Mineralfunde allerdings stark verringert, sodass der Sammler nur noch bei Baumaßnahmen fündig werden kann – es sei denn, er erhält die Genehmigung zum Betreten der noch aktiven Steinbrüche. Gibt man sich jedoch mit kleineren Stücken zufrieden, so bietet der Strehlenberg bei Marktredwitz die Möglichkeit für kleinere Bergkristall-Funde. Diese sind allerdings nur im Herbst möglich, wenn die Felder abgeerntet sind. Der Strehlenberg hat seinen Namen von den „Strehlen“ oder „Strahlen“, also stengeligen Bergkristallen, nach denen sich die professionellen Bergkristallsammler der Alpen „Strahler“ nennen. Am Strehlenberg gab es früher die Gruben "Neu Glück" und "Sieh dich um und auf", in denen Eisenerz und Quarz abgebaut wurden.

Die Intrusionsgesteine im Fichtelgebirge und Steinwald

Von allen im Fichtelgebirge auftretenden Gesteinen nimmt die Gruppe der spätvariszischen Granitoide – also die Diorite, Granodiorite und Granite – mit etwa 40 % an der Gesamtfläche den größten Anteil ein. Die Granitoide, die sich zeitlich mindestens drei Hauptintrusionen zuordnen lassen (HECHT et al. 1997), wurden mit ganz wenigen Ausnahmen nicht mehr vom variszischen Deformationsgeschehen erfasst (STETTNER 1992, ZULAUF 1994).

Genetisch sind die Magmen der Fichtelgebirgsgranite größtenteils aus der Aufschmelzung von Paragesteinen in der mittleren bis tieferen Erdkruste abzuleiten (HECHT 1998). Derartige Granite bezeichnet der Geologe als S-Typ. Granite des I-Typs, an denen teilweise Mantelmagmen beteiligt waren, treten im Fichtelgebirge nur vereinzelt unter den Älteren Graniten auf.

Paragestein: metamorph überprägtes Sedimentgestein

STETTNER (1958) untergliederte die Fichtelgebirgsgranite anhand fazieller Kriterien und der Beobachtung „xenolithisch“ in jüngeren Graniten eingelagerter älterer Granite in G 1 bis G 4-Granite, die sich noch feiner differenzieren lassen. Sie sind einerseits zeitlich und räumlich, andererseits nach ihrem Gefüge sowie ihrer geochemischen Zusammensetzung zu unterscheiden. Auch wenn sich heute immer deutlicher abzeichnet, dass das Intrusionsgeschehen viel komplexer gewesen sein

Gefüge: kennzeichnet die Lage, Anordnung, Größe und Struktur der gesteinsbildenden Mineralien

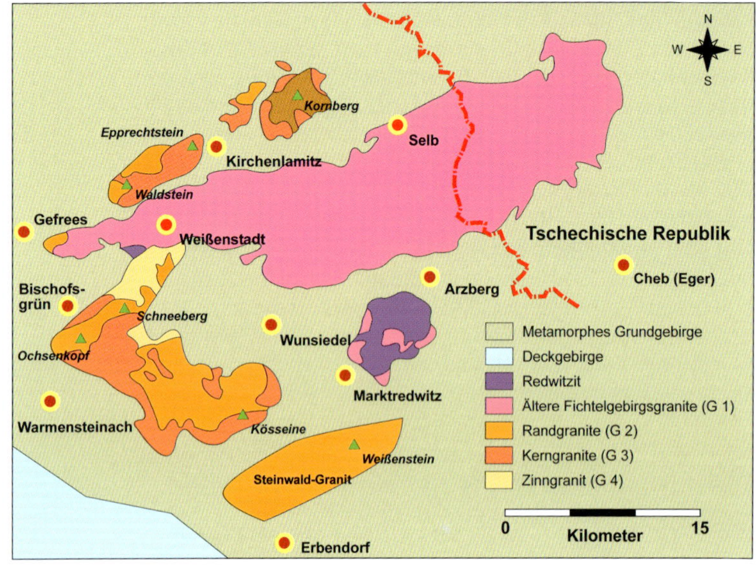

Granitoide Gesteine des Fichtelgebirges und Steinwaldes (modifiziert nach HECHT 1998).

muss (SIEBEL et al. 2010), ist Stettners Unterteilung im Gelände immer noch gut anwendbar und plausibel. Ganz grob lassen sich die Granitoide des Fichtelgebirges in die drei Hauptgruppen einteilen:

- Redwitzite
- Ältere Granite (G 1-Granite)
- Jüngere Granite (G 2 – G 3-Granite)

leukokrat: überwiegend aus hellen Mineralien bestehend

Am Ende des spätvariszischen Magmatismus standen gangförmige Intrusionen von Leukograniten, Apliten, Pegmatiten und Gangquarzen sowie Proterobasgängen, die flächenmäßig aber nur eine untergeordnete Rolle spielen.

Proterobas am Ochsenkopf s. Seite 87

Die Redwitzitvorkommen bei Marktredwitz

Im 19. Jahrhundert erweckte ein sonderbares Gestein aus der Nähe von Marktredwitz, das dort unter der Bezeichnung Wölsauer oder Seußener Syenit abgebaut und als Werkstein geschätzt wurde, das Interesse des Altmeisters der bayerischen Geologie, C.W. von Gümbel. Da seine Zusammensetzung sowohl mineralische Merkmale des Granits (Orthoklas und Quarz) als auch des Syenits (Orthoklas und Hornblende) aufweist, gab er ihm den Namen Syenitgranit. Völlig richtig ordnete er es als intrusives Massengestein ein und erfasste seine Verbreitung in seiner geologischen Karte.

WILLMANN (1920) beschäftigte sich als erster intensiver mit dem Redwitzit und deutete ihn als Varietät granitischer Lamprophyre, wie sie am Ochsenkopf auftreten. WURM (1932), TROLL (1968) und RICHTER & STETTNER (1979) erkannten, dass für die Entstehung dieses Gesteins unterschiedliche Magmen die entscheidende Rolle spielten, und WURM vertrat schon früh die Auffassung, dass ein älteres basisches Stammmagma mit einem jüngeren sauren Magma in großer Tiefe schlierenartig vermischt wurde.

Lamprophyr: alkalisches Intrusionsgestein, hauptsächlich aus Amphibolen, Pyroxenen und dunklen Glimmern bestehend

basisch: kieselsäurearm (45 – 52 Gew.-% SiO_2)

Heute wird der Redwitzit als dunkles Tiefengestein definiert, das in der internationalen Nomenklatur als Diorit benannt ist. Petrographisch betrachtet sind Redwitzite nicht geschieferte, klein- bis mittelkörnige Gesteine, in denen sich oft schlierige Partien erkennen lassen und die wechselnde Anteile von Hornblende, Biotit, Plagioklas, Kalifeldspat und Quarz enthalten. Bei genauer Betrachtung der Redwitzite des Fichtelgebirges fällt auf, dass deren Gesteinsfarbe von hellgrau bis nahezu schwarz wechselt, was darauf zurückzuführen ist, dass das Verhältnis der oben genannten Mineralien oft schon auf kurze Distanz stark variieren kann. Hellere Varianten, die dem Granit stärker ähneln, werden als Granodiorit bezeichnet, die dunkleren als Gabbro.

Leider sind heute natürliche Aufschlüsse von Redwitziten im Fichtelgebirge sehr selten. Hier kommt uns die Öffnung der deutsch-deutschen Grenze im Jahr 1989 und der damit verbundene Aus- und Neubau der Verkehrsverbindungen zu Hilfe, denn beim Bau der A 93 Regensburg – Hof wurde Mitte der 90er Jahre des letzten Jahrhunderts am östlichen Stadtrand von Marktredwitz eine große Anzahl von Redwitzitblöcken freigelegt. Da der Redwitzit seinen Namen von der Stadt hat, entschloss man sich, diese Blöcke nicht für den Straßenbau zu verwenden, sondern autobahnparallel an der Abfahrt Marktredwitz-Süd abzulagern. Daraus ergibt sich für geologisch interessierte Besucher eine gute Möglichkeit, die größtenteils wollsackartig verwitterten Blöcke genauer zu betrachten. Der Besuch des hier abgelagerten „Blockfeldes“ ist gefahrlos möglich und zeigt auch frische Gesteinsanbrüche.

Redwitzit-Wollsäcke an der A 93 bei Marktredwitz.

Dieses „Blockfeld“ ist gut zu erreichen, wenn man die A 93 Regensburg – Hof an der Abfahrt Marktredwitz-Süd verlässt und in Richtung Marktredwitz fährt. Kurz vor dem Kreisel sind westlich der Autobahn die Redwitzitblöcke zu sehen. Hier besteht auch eine Parkmöglichkeit.

Heute gehen die Geologen davon aus, dass das Stammmagma des Redwitzits eine gabbroide Zusammensetzung hatte. Vermutlich fanden schon mit dem Eindringen der Gesteinsschmelzen in ihre Wirtsgesteine Differentiationsvorgänge statt, weil dabei häufig Schollen der Wirtsgesteine eingeschlossen und teilweise völlig aufgeschmolzen wurden. Diese Assimilierung veränderte sowohl den Mineralbestand als auch den Chemismus der gabbroiden Ausgangsschmelze in Richtung Diorit und Quarzdiorit. Anfangs entstand dabei nur wenig Kalifeldspat, erst mit der späteren Zufuhr von durch Anatexis entstandenen granitischen Magmen nahm dessen Anteil zu. Diese stofflich veränderten Schmelzen entwickelten sich in Richtung der helleren und grobkörnigeren Granodiorite.

Anatexis: teilweises oder vollständiges Aufschmelzen von Gesteinen

Da die Redwitzite an einer geologischen Position auftreten, wo ehemals Marmore vorhanden gewesen sein müssten, lässt sich vermuten, dass diese in den glutflüssigen Magmen aufgeschmolzen wurden. Das gelegentliche Vorhandensein von Kalksilikatbrocken und Kalk-Natron-Feldspäten spricht dafür, dass das Calcium des Marmors sich darin wiederfindet.

Weil selbst innerhalb eines einzelnen Vorkommens auffällige Struktur- und Farbunterschiede auftreten, wurde der Redwitzit als Werkstein im 20. Jahrhundert kaum mehr abgebaut, denn einheitliche Flächen, wie sie in der Architektur meist gewünscht sind, ließen sich mit ihm nur schwer schaffen.

Die Redwitzite leiteten die magmatische Intrusionsfolge in der Fichtelgebirgszone ein. Später drang der grobkörnige Porphyrgranit mit seinen typischen großen Feldspatkristallen an Spalten und Klüften in die bereits erstarrten Redwitzite ein und zergliederte sie. Dass die Redwitzite älter sind als die Granite, lässt sich an diesen Apophysen (Gängen) aus porphyrischem Granit eindeutig schlussfolgern. Ein weiterer Beweis dafür sind im Granit „schwimmende" und damit ältere Redwitzitschollen.

Sieht man sich bei den Felsblöcken an der A 93 die Grenze zwischen den dunklen Redwitziten und den helleren granitischen Partien genauer an, so fällt eine außergewöhnlich hohe Konzentration von Feldspatkristallen ins Auge, die sich in der Nähe von Fremdgesteinseinschlüssen häufen. Das lässt sich so erklären: Während die Kristallisation der Feldspäte im „Kristallbrei" bereits weitgehend abgeschlossen ist, sind die restlichen gesteinsbildenden Mineralien noch nicht auskristallisiert. Die Feldspäte schwimmen also förmlich in der Schmelze und werden in mobilen Zonen, vor allem am Rande des Plutons, auch weitertransportiert. Stoßen die Feldspatkristalle bei ihrem Transport durch die Schmelze auf Hindernisse wie Fremdgesteinseinschlüsse, die an der Grenze des Plutons zum Nebengestein häufig anzutreffen sind, stauen sie sich wie Treibeis an einem Hindernis und umfließen dieses nur langsam. Da sich im Kristallbrei aber noch ausreichend Ausgangsmaterial für das Weiterwachsen der Feldspäte befindet, kristallisieren sie an den Hindernissen weiter und bilden dort oft besonders große Kristalle.

Plutonit: in der Tiefe erstarrter Magmenkörper

Eingeregelte große Feldspatkristalle; unten rechts typischer Redwitzit.

Die Älteren Granite

Übersicht über die Granittypen s. Tab. Seite 18

Batholith: großvolumiger magmatischer Tiefengesteinskörper mit nach unten auseinanderlaufenden Flanken

Erzputzen: kleine Erzeinschlüsse ohne Kristallgestalt

Flächenmäßig haben unter den Intrusionsgesteinen die Älteren Granite des Fichtelgebirges die größte Ausdehnung. Sie erstrecken sich auf oberfränkischem Gebiet von Gefrees im Westen bis an die Grenze zu Tschechien im Osten. Diese Granite mit einem Alter um die 325 Mio. Jahre lassen sich in weitere Granittypen untergliedern, von denen der Porphyrgranit (G 1-Granit) im Raum Weißenstadt-Marktleuthen den größten Anteil hat. Gravimetrische Messungen haben ergeben, dass sie sich nach Osten hin in immer größere Tiefen als batholithische Intrusion erstrecken, deren Wurzelzone und Aufstiegsweg in Tschechien liegen.

Es handelt sich bei dem Porphyrgranit um einen grobkörnigen Granit mit einem deutlich porphyrischen Gefüge. In diesem sind große Alkalifeldspatkristalle mit Längen bis zu 12 cm zu erkennen, die häufig einen ausgeprägten Zonarbau zeigen. Ursache dieses Zonarbaus sind Unterbrechungen der Kristallisation. An den temporär vorhandenen Kristallflächen lagerten sich Biotite oder seltener kleine Erzputzen an. Nach dieser Kristallisationsunterbrechung setzte sich das Wachstum der Alkalifeldspäte in einer nächsten Generation wieder fort. Dieser Vorgang konnte sich mehrmals wiederholen und so den typischen, mehrphasigen Zonarbau verursachen.

Daraus lässt sich schließen, dass es sich hier um echte Einsprenglinge in einer noch mobilen Schmelze handelte und nicht um Porphyroblasten (HECHT 1998), wie sie auch in vulkanischen Porphyren auftreten. Dies wird durch die Tatsache untermauert, dass sich in den Älteren Graniten häufig eine Fluidaltextur (Fließstruktur) mit deutlich eingeregelten Feldspatkristallen beobachten lässt. Manchmal sind im G 1-Granit kleinere aplitische und pegmatitische Gänge zu finden, in deren Drusen sich Bergkristall, Rauchquarz, Turmalin oder Apatit finden lassen.

Große Feldspatkristalle im G 1-Granit nahe Stemmas; Bildbreite 12,7 cm.

Der am Westrand des Fichtelgebirges bei Gefrees auftretende Reutgranit (G 1R) spielt flächen-

Egertal bei Neuhaus a. d. Eger; Aufschluss im Älteren Granit.

mäßig nur eine untergeordnete Rolle, während der Selber Granit (G 1S) im Osten eine große flächige Verbreitung hat. Zwischen dem Selber und dem Porphyrgranit ist noch der Holzmühlgranit eingeschaltet, der fließende Übergänge zu den beiden erstgenannten bildet. Da der Selber Granit und der Holzmühlgranit den Porphyrgranit stellenweise verdrängen, werden sie als etwas jünger eingestuft, gehören aber nach ihrem Chemismus und der mineralogischen Zusammensetzung zu den Älteren Graniten. Die verschiedenen Typen der Älteren Granite unterscheiden sich in der Regel nur in ihrem Gefüge, was sich mit großer Wahrscheinlichkeit auf unterschiedlich weit differenzierte Teilintrusionen zurückführen lässt.

Differentiation: gravitative Trennung von Schmelzbestandteilen

Das Egertal zwischen Egerstau und Wellertal

Porphyroblasten: Einschlüsse von größeren Kristallen einer Mineralart in einem Gestein

Druse: Hohlraum mit Kristallen

Die am Nordwesthang des Schneeberges am Kalten Bruch entspringende Eger ist wohl der reizvollste Fluss des Fichtelgebirges. Vor Weißenstadt mündet sie in den künstlich angelegten Weißenstädter See, verlässt diesen wieder und fließt an dem kleinen Ort Franken vorbei. Mit der Schlucht bei der Thusmühle beginnt sich die Flussdynamik zu verändern. Der vorher träge dahinfließende Fluss gewinnt in Richtung Wendenham-

Exkavationsformen im Granit des Egertals.

mer, Kaiserhammer, Schwarzenhammer und Hendelhammer an Energie. Die Endungen dieser vier Ortsnamen lassen schon Rückschlüsse auf die Nutzung der Wasserkraft zu.

VorLeupoldshammer wird die Eger in einem kleinen See zum Betrieb einer Kraftwerksanlage gestaut. Danach beginnt flussabwärts der schönste und geomorphologisch interessanteste Abschnitt des Egertals. Wassermenge und Gefälle verbunden mit einer beachtlichen Sedimentfracht führten zur Bildung von interessanten Erosionsformen im hier anstehenden Granit.

Begünstigt wird dieser reiche geomorphologische Formenschatz durch das ungleichmäßige Gefälle der Eger. Während dieses auf ihrem Weg durch stark verwitterten Porphyrgranitzersatz zwischen Marktleuthen und Wendenhammer lediglich 1,3 ‰ beträgt, nimmt es flussabwärts nach der Einmündung des links vom Sabelteich kommenden Bächleins auf etwa 6 ‰ auf 1 km Fließstrecke zu. Deutlich wird die Erosionsleistung insbesondere oberhalb der Felsgruppe Hirschsprung, wo sich die Eger in einem engen Tal ca. 50 m tief in die tertiäre Rumpffläche und den wollsackartig verwitterten Selber Granit eingetieft hat. Immer wieder sieht man daher an den Talflanken schön herauspräparierte Felsformationen. Danach beginnt wieder eine flachere Fließstrecke.

An der Gefällestrecke bei Wellertal fließt die Eger durch eine Blockansammlung im Flussbett, die aus dem feinkörnigen Selber Granit besteht. Hier lässt sich die rezente Morphodynamik der Eger gut beobachten. Um möglichst viele geomorphologische Kleinformen zu sehen, bietet sich das Flussbett der Eger östlich und westlich des Weilers Wellertal an. Auf dieser kurzen Strecke findet sich eine Vielzahl von Exkavationsformen, wie sie im Fichtelgebirge einmalig ist.

Exkavation: Aushöhlung, Auswaschung

Im Flussbett sind selbst Granitblöcke bis zu einer Größe von etwa 2 m noch eingeregelt zu sehen, was sich daran erkennen lässt, dass deren Breitseiten schräg gegen das anströ-

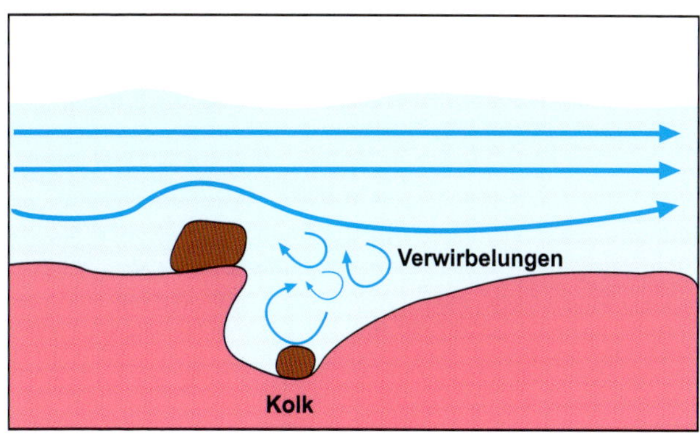

Verwirbelungen in der Wassersäule führen zur Bildung von Kolken.

mende Wasser ausgerichtet sind. Stellt man sich auf einen der bei Niedrigwasser leicht zugänglichen Felsen und blickt flussaufwärts, so sieht man die Seite mit dem größten Blockquerschnitt vor sich. In die Gegenrichtung blickend erkennt man die strömungsdynamisch günstig ausgerichtete, mehr oder weniger spitz zulaufende Seite der Blöcke. Bei vielen der Granitfelsen ist zu beobachten, dass diese eine abgeflachte Oberfläche aufweisen, was durch den darüber hinwegtransportierten und polierend wirkenden Sand und Kies hervorgerufen wurde.

An der Oberfläche der Blöcke ist eine Vielzahl von flachen bis schüsselartig ausgebildeten Hohlformen zu sehen, die durch Exkavation entstanden sind. Häufig handelt es sich dabei um die Folge einer sich am Grund und gegen den Strom drehenden Grundwalze, deren Längsachse senkrecht zur Strömungsrichtung stand. Da sich die meisten Granitplatten knapp über den Wasserspiegel erheben und somit die Eintiefung nur bei Hochwasser stattfinden kann, sind die Hohlformen in der Regel nur sehr flach ausgebildet.

Unterhalb der Straßenbrücke bei Wellertal hat sich die Eger ca. 2 m in eine schmale, heute als Wiese genutzte Niederterrasse eingetieft. Dass sich die normalerweise gemächlich dahinströmende Eger bei Hochwasser zu einem reißenden Fluss entwickeln kann, lässt sich deutlich an den Verletzungen der Bäume am Ufer erkennen, die bis in eine Höhe von knapp 2 m über dem Bachbett reichen. Hier offenbart die Eger ihre erosive Kraft, die auch heute noch die im Flussbett liegenden Granitblöcke formt und weiter freispült.

Von der südlichen Talflanke aus erkennt man auf der gegenüberliegenden Seite, wie sich Felsen blockstromartig hangabwärts verlagert haben. Es handelt sich dabei um kantige Granitblöcke, die ganz offensichtlich nicht von den abrundenden Verwitterungsprozessen während des Tertiärs erfasst wurden. Wir befinden uns hier also vermutlich an der Untergrenze der tertiären Wollsackverwitterung. Dennoch ist hier der kompakte Gesteinsverbund schon von Entlastungsklüften durchzogen, sodass Wasser und Frost ihr zerstörerisches Werk bereits begonnen haben. Ein Teil der Blöcke ist nach der letzten Eiszeit sicherlich der Schwerkraft folgend von den steilen Hängen in die Eger gestürzt.

Felsenlabyrinth an der Luisenburg s. Seite 61

An den flacheren Hängen kann man aber ebenfalls deutlich sehen, dass sich Gesteinsströme in Richtung Talsohle bewegt haben, was sich, wie auch beim nahegelegenen Geotop Luisenburg, nicht mit rezenten Massenbewegungen erklären lässt. Diese Blöcke am Hang werden in Flussnähe durch die Sedimentführung der Eger auf vielfältige Weise mechanisch bearbeitet, was zu einer Vielzahl kleiner Exkavationsformen geführt hat. Je höher man hangaufwärts blickt, desto seltener werden die Blöcke. Über der Hochwasserlinie sind sie dann völlig verschwunden. In Flussnähe werden die Blöcke auch heute noch vom Wasser unterspült, sodass sie in ihrer Lage destabilisiert werden, sich langsam hangabwärts bewegen und schließlich in das Flussbett gelangen. Dort werden sie dann durch die Sand- und Geröllfracht angegriffen und auf diese Weise selbst zu Sedimentlieferanten.

Steinwald-Sphinx

Der Steinwald gehört zu den beliebtesten Ausflugszielen der Region, was nicht zuletzt an den spektakulären Verwitterungsformen der dort anstehenden Granite und den herrlichen Ausblicken über weite Teile des Fichtelgebirges und der Oberpfalz liegt. Eines der bekanntesten Geotope ist die Zipfeltanne, die eines der Wahrzeichen des Steinwaldes darstellt. Mit etwas Fantasie lässt sich in dieser Felsformation eine Figur erkennen, die der Sphinx im ägyptischen Gizeh ähnelt. Und so wird sie von den Einheimischen gerne Steinwald-Sphinx genannt, obwohl sie ohne menschliches Zutun entstanden ist. Der Granit des Steinwaldes ist ein eigenständiger Intrusionskörper und

Die Felsgruppe Zipfeltanne, auch Steinwald-Sphinx genannt, bei Pfaben im Steinwald.

gehört nicht zu den Fichtelgebirgsgraniten, die sich in die G 1- bis G 4-Granite unterteilen lassen. Bezüglich seiner Altersstellung liegt er mit einem Intrusionsalter von 323 Mio. Jahren im Bereich der Älteren Granite des Fichtelgebirges (G 1-Granite).

Viele der markanten Felsformationen in den Granitgebieten des Fichtelgebirges und des Steinwaldes verdanken ihre Entstehung der Wollsackverwitterung. Der Name dieses speziellen Verwitterungsprozesses stammt daher, dass die dadurch entstandenen rundlichen bis matratzenförmigen Granitfelsen an übereinandergestapelte Wollsäcke erinnern.

Wollsäcke, Felsburgen und Felsenmeere

Für die Bildung der "Wollsäcke" ist ein ungefähr rechtwinklig angeordnetes Kluftsystem im Gestein erforderlich, wodurch grobe, quaderförmige Blöcke vorgegeben sind. Entlang der vorhandenen Klüfte dringen chemisch aggressive Lösungen in Form kohlensäurereicher und mit organischen Säuren aus der Bodenbildung angereicherte Sickerwässer in den Gesteinskörper ein. Dabei verwittern die gesteinsbildenden Mineralien zuerst an den besonders verwitterungsanfälligen Ecken und Kanten, sodass die ursprünglich kantigen Gesteinsblöcke gerundete Formen erhalten. Die Granitblöcke bleiben dabei im Kern weitgehend unverwittert erhalten und schwimmen förmlich im Verwitterungsgrus. Wird dieser Granitgrus zwischen den kompakten Blöcken ausgewaschen, bleiben die "Wollsäcke" als Endprodukte der Verwitterung übrig. Bleiben die Felsblöcke in ihrer ursprünglichen Lagerung erhalten, bilden sie spektakuläre Felsenburgen.

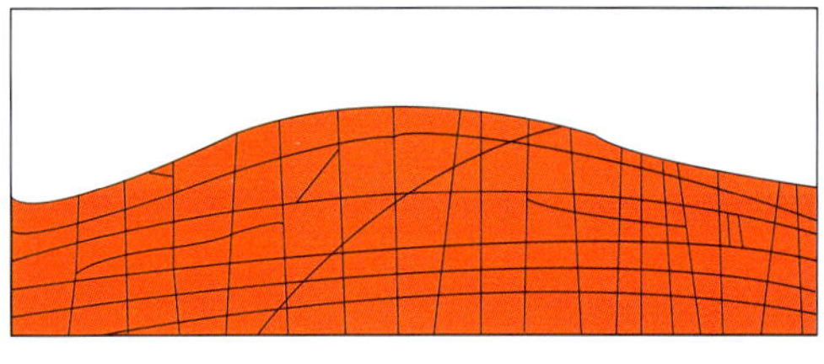

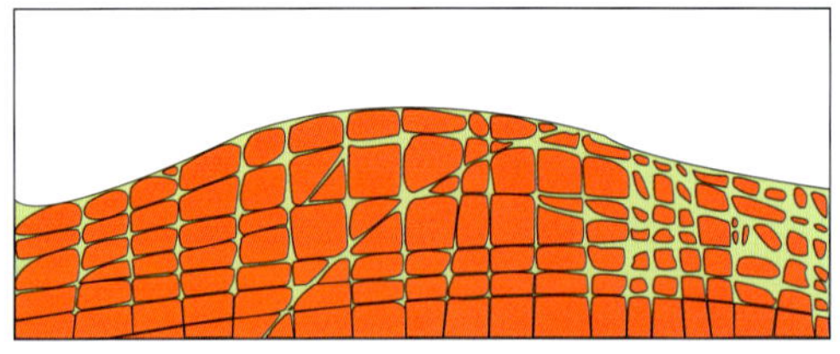

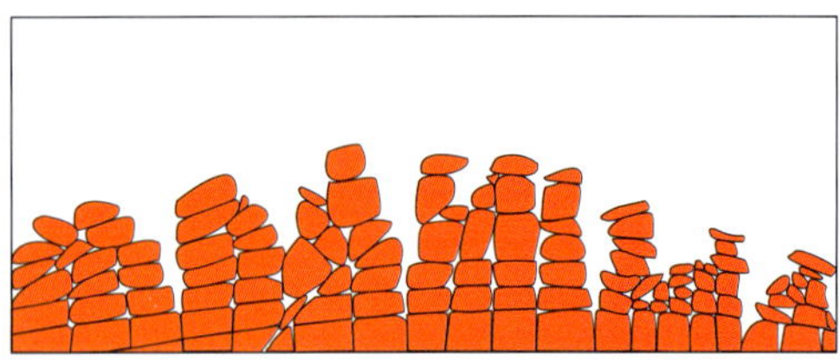

Die Wollsackverwitterung beginnt auf Klüften und Spalten unter der Erdoberfläche und endet mit der Freilegung der Blöcke durch Auswaschung des Granitgruses.

Wo die freigespülten Granitblöcke infolge der Solifluktionsvorgänge während des Pleistozäns der Schwerkraft folgend den Hang nach unten gerutscht sind, haben sich zum Teil chaotisch anmutende Blockmeere bzw. Felsenlabyrinthe gebildet. Besonders beispielhaft dafür ist das so entstandene Felsenlabyrinth an der Luisenburg. Blockströme und Blockmeere sind fast ausschließlich in Granitgebieten zu finden, da die Verwitterung vorzugsweise den tektonischen und Entlastungsklüften des Gesteins folgt und so das blockartige Ausgangsmaterial für diese geomorphologische Erscheinung liefert.

Solifluktion s. Seite 56

Felsenlabyrinth an der Luisenburg s. Seite 61

Den Naturpark Steinwald erreicht man, wenn man die A 93 an der Ausfahrt Erbendorf verlässt und der B 299 nach Erbendorf folgt, die dort nahtlos in die Staatsstraße St 2181 in Richtung Marktredwitz übergeht. Von dieser im idyllischen Tal der Fichtelnaab verlaufenden Straße biegt man ca.150 m nach einem rechts der Straße gelegenen, geologisch sehenswerten Serpentinit-Steinbruch (WEBER 2003, FÜSSL & WEBER 2009) rechts in Richtung Pfaben ab. Das Geotop liegt nördlich von Pfaben und ist nur über Wanderwege zu erreichen. Der günstigste Ausgangspunkt für diese Exkursion ist der Wanderparkplatz nahe des Berggasthofes Zrenner, von dem aus die nur wenige Hundert Meter nordwestlich gelegene Zipfeltanne in einem etwa 15-minütigen Fußmarsch zu erreichen ist.

An der Steinwald-Sphinx angekommen, fallen die hier nahezu horizontal verlaufende Bankung und die senkrecht dazu stehende Klüftung auf, die der Verwitterung gute Angriffspunkte bieten. Wie so oft in den Granitgebieten Nordbayerns spielt auch hier die Wollsackverwitterung die zentrale Rolle bei der

Ausgestaltung dieser bizarren Felsbildung aus fein- bis mittelkörnigem Granit. Dass diese bizarre Form bis heute erhalten blieb, ist dem Verlauf der oben genannten Bankung zu verdanken, denn schon eine schwache Neigung dieser Entlastungsklüfte kann genügen, um die übereinanderliegenden Granitblöcke abgleiten und im Laufe der Jahrtausende zusammenstürzen zu lassen. Dass dies auch in diesem Gebiet geschehen ist, lässt sich an der natürlichen Blockhalde mit ihren weit im Wald verstreut liegenden Granitfelsen rund um die Zipfeltanne erkennen. Bei näherer Betrachtung sind vereinzelt Silikatkarren an der Oberfläche der Granitfelsen zu sehen.

Silikatkarren s. Seite 54

Mineralogisch haben die Granite des Steinwaldes dem Sammler nur wenig zu bieten, was vor allem an den fehlenden Aufschlüssen liegen dürfte. Anders als die Jüngeren Granite des Fichtelgebirges ist der Steinwaldgranit sehr homogen, arm an Restschmelzen und aufgeschlossenen Nebengesteinskontakten. Nur vereinzelt durchschwärmen geringmächtige Quarzgänge den Granit. In den 70er Jahren des vergangenen Jahrhunderts wurde im Rahmen einer Wegebaumaßnahme nahe der Zipfeltanne ein größerer Quarzgang angeschnitten, in dem schöne rauchige Quarzkristalle bis 6 cm Länge gefunden wurden. Einige davon sind im Museum von Erbendorf ausgestellt.

Allerdings sollte man sich nicht mit der Besichtigung der Zipfeltanne zufriedengeben, denn das nähere Umfeld ist reich an weiteren schönen Felsbildungen wie der Saubad-, Räuber-, Huber-, Vogel-, Steinschlatter- und Reiseneggerfelsen oder der Katzentrögel.

Burgruine Weißenstein

Die weitgehend horizontale Bankung und die senkrecht dazu verlaufende Klüftung des Granits an der Burgruine Weißenstein haben ein im Steinwald einzigartiges Szenario schroffer Felstürme und steiler Felsnadeln geschaffen. Das Geotop Weißenstein ist über die A 93 Regensburg – Hof leicht erreichbar, wenn man die Autobahn an der Ausfahrt Wiesau/Fuchsmühl verlässt und der Staatsstraße St 2170 in Richtung Fuchsmühl folgt. Der beste Ausgangspunkt für dieses Exkursionsziel ist der Wanderparkplatz beim Weiler Hohenhard zwischen Fuchsmühl und Poppenreuth am Ostrand des Steinwaldes, von dem aus der gut beschilderte Goldsteig nach ca. 30-minütiger Wan-

Die Ruine Weißenstein im Steinwald.

derung zum Ziel führt. Diesen Weg sollte man wählen, weil er einerseits bis wenige Hundert Meter vor dem Ziel gut ausgebaut ist und andererseits mit Schautafeln über die Besonderheiten dieses Teils des Steinwaldes informiert. Es wird hier beispielsweise auf die anstehenden Quarzgänge und den Verlauf der Europäischen Hauptwasserscheide hingewiesen.

Die tiefgreifende Verwitterung im Tertiär hat im Gebiet der Ruine Weißenstein Wollsack- bzw. Matratzenformen geschaffen, wie sie in vielen Granitgebieten unserer Breiten anzutreffen sind. Die Bankung des Granits verläuft aber lediglich im Gipfelbereich des Weißensteins weitgehend horizontal, während sie an den Hängen leicht hangabwärts geneigt ist, wodurch die Granite im Solifluktionsgeschehen der letzten Kaltzeit leichter der Abtragung anheimfielen. So blieben nur auf dem Gipfel die Blöcke aufeinander liegen und sind bis heute als imposante Felstürme und manchmal sogar Felsnadeln erhalten. An den Bergflanken reichten hingegen schon wenige Grad Neigung, um selbst große Blöcke hangabwärts abrutschen zu lassen, wo sie dann auch Blockhalden bilden.

Solifluktion s. Seite 56

Silikatkarren

Eine Verwitterungsform, die hier besonders schön zu beobachten ist, sind die sogenannten Silikatkarren. Diese Pseudo-Karren oder Granitkarren genannten geomorphologischen Kleinformen überziehen als steile Rillen die Felsen. Als Karren werden in der Geologie parallele, mehr oder weniger steile, vertikal verlaufende Lösungsrinnen bezeichnet, die durch hangabwärts fließendes Oberflächen- oder Niederschlagswasser meist in Karbonatgesteinen wie Kalkstein oder Dolomit gebildet werden. Viel

Silikatkarren an einem Felsturm bei der Ruine Weißenstein im Steinwald.

seltener findet man sie auf silikatischen Gesteinen, die durch kohlensäurehaltige Wässer chemisch nicht so leicht angegriffen werden. Vielmehr spielen hier im abfließenden Wasser enthaltene organische und anorganische Säuren aus Bodenbildungsprozessen eine entscheidende Rolle. Über lange Zeiträume bewirken sie den Zerfall des auf den ersten Blick so stabil wirkenden Granits. Mitunter verleihen sie einzelnen runden Granitplatten ein fast Zahnrad-ähnliches Aussehen.

Bis 1995 waren von der Burgruine kaum mehr als der auf einer hohen Felsenklippe errichtete Bergfried sowie einige stark einsturzgefährdete Mauerreste vorhanden. Die Gesellschaft Steinwaldia Pullenreuth e. V. hat zwischen 1996 und 2000 mit einem erheblichen Zeit- und Kostenaufwand die Restaurierung der noch vorhandenen Gebäudeteile durchgeführt und so den Erhalt des kulturhistorischen Denkmals gesichert. In einem Info-Pavillon erhält der Wanderer Auskunft über die Geschichte des Weißensteins und die Sanierung der Anlagen.

Ein Aufstieg zum Bergfried lohnt sich bei guter Sicht wegen des Rundblicks, der bis weit in das Fichtelgebirge, das Erzgebirge, den Kaiserwald in Tschechien, den Oberpfälzer Wald und manchmal sogar den Bayerischen Wald reicht. Markante Landmarken wie der Bohrturm des ehemaligen Kontinentalen Tiefenbohrungsprojektes bei Windischeschenbach, der Tillenberg im Waldsassener Schiefergebirge oder der Schneeberg sind selbst ohne Fernglas auszumachen. Das Bayerische Landesamt für Umwelt führt das Geotop Weißenstein unter der Nr. 377R001 als geowissenschaftlich bedeutende, wertvolle Lokation.

Hackelstein

Der auf 723 m ü. NN gelegene und etwa 15 m hohe Hackelstein im Osten des Steinwaldes ist eine der schönsten Granit-Felsburgen Nordostbayerns. Als Felsburgen bezeichnet man in der Geomorphologie frei über ihre Umgebung herausragende und sich weitgehend am Ursprungsort befindliche Felsgruppen, die aus kantigen bis wollsackförmigen Blockansammlungen aufgebaut sind. Da sie aus der Ferne betrachtet Ritterburgen ähneln, werden sie als Felsburgen bezeichnet.

Das Exkursionsgebiet ist gut zu erreichen, wenn man die A 93 Regensburg – Hof an der Abfahrt Wiesau/Fuchsmühl in westlicher Richtung verlässt. Vom Wanderparkplatz oberhalb des Forsthauses in der Ortschaft Fuchsmühl (Waldstraße) oder vom Gasthaus "Zum Hackelstein" ist das Geotop in wenigen Minuten zu Fuß erreichbar.

Soliflukion

Der Umriss und strukturelle Aufbau der Felsburg des Hackelsteins sind ganz wesentlich durch das bestehende Kluftsystem vorgegeben. Ihre Entstehung lässt sich mit einer zweiphasigen Entstehungsgeschichte erklären. Auf die Zeit intensiver chemischer Verwitterung im Tertiär, die im Zusammenspiel mit dem Kluftsystem des Granits zur Wollsackbildung führte, folgte eine Zeit mit periglazialen Klimabedingungen. Wenn die gefrorene Erdoberfläche während der kurzen Sommer oberflächlich auftaute, wurde das Feinmaterial zwischen den einzelnen Wollsäcken der Solifluktion (Bodenfließen) ausgesetzt. Darunter versteht man einen gleitenden bis fließenden Abtragungsprozess, bei dem Lockermaterial aufgrund der Überfeuchtung des auftauenden Bodens in Bewegung gerät. Dieser Vorgang ist in Periglazialgebieten von sehr großer Bedeutung für die Massenbewegung, da auf diese Weise große Mengen an Lockermaterial abgetragen werden. Bedeutend ist dabei, dass mit diesem „Schmiermittel“ im Untergrund auch große Gesteinsblöcke in Bewegung geraten und über weite Strecken transportiert werden können. Ein schönes Beispiel für einen derartigen Wanderstein ist der Teufelsstein bei Napfberg. Unter den heutigen Klimabedingungen ist der Prozess des Bodenfließens zum Erliegen gekommen.

Teufelsstein s. Seite 58

Weißenstein s. Seite 53

Die Ähnlichkeiten zum bereits beschriebenen Geotop Burgruine Weißenstein sind unverkennbar und aufgrund der räumlichen Nähe sowie des ähnlichen Verwitterungsgeschehens im gleichen Gestein zu erwarten. Dennoch gibt es signifikante Unterschiede: Am Hackelstein dominieren breite, gedrungene Formen, die auf

Der Hackelstein im Steinwald ist durch Treppen und Steige leicht zu erklimmen.

eine Klüftung zurückzuführen sind, die hier weit weniger einheitlich in vertikaler Richtung verläuft. In der Folge entwickelten sich grobschlächtig anmutende, breite Felstürme und keine filigranen Felsnadeln wie am Weißenstein. Da der Gipfelbereich des Hackelsteins ein kleines Plateau bildet und die Bankung weitgehend horizontal verläuft, blieben große Blöcke matratzenartig aufeinander liegen und wurden nach ihrer Freilegung durch die Kräfte der Erosion nicht hangabwärts verfrachtet.

Der Hackelstein ist reich an geomorphologischen Kleinformen. Besonders erwähnenswert ist die Opferwanne (Opferschüssel) auf dem Gipfelplateau. Dabei handelt es sich um eine natürlich entstandene Hohlform, die auf eine Kombination chemischer, biologischer und mechanischer Verwitterungsprozesse zurückzuführen ist. Im Gegensatz zu den vom Aussehen recht ähnlichen Strudellöchern, wie wir sie zum Beispiel aus dem Wellertal nordöstlich von Thierstein kennen, spielt hier die fluviatile Erosion des Wassers keine Rolle.

Wellertal s. Seite 47

fluviatil: von Flüssen verursacht

Der Hackelstein ist über eine Treppenanlage leicht zu besteigen, doch leider überragt er den umgebenden Wald kaum, sodass der Blick nur stellenweise in die Ferne schweifen kann. Etwas weiter nördlich befindet sich der bei Kletterern beliebte Augsburger Felsen, dessen Besteigung jedoch nur den geübten und sehr trittsicheren Besuchern empfohlen werden kann. Der als Naturdenkmal geschützte Hackelstein wurde vom Bayerischen Landesamt für Umwelt unter Nr. 377R002 als seltenes, geowissenschaftlich bedeutendes Geotop eingestuft.

Teufelsstein bei Napfberg

Der einfach zu erreichende Teufelsstein (605 m ü. NN) bei Napfberg liegt nahe des Ausflugsortes Pfaben, der zur Stadt Erbendorf im Landkreis Tirschenreuth gehört. Er ist mit einer Länge von etwa 10 m der größte Fels in einer Gruppe von drei Granitblöcken aus spätvariszischem Friedenfelser Granit. Die wie Findlinge anmutenden Felsen liegen isoliert von anderen Granitaufschlüssen auf einem flachen Hangstück des Grenzbachtals.

Über viele Jahrtausende lagen die heute an der Erdoberfläche zu sehenden Granitblöcke teilweise noch in den Resten einer einst mächtigen tertiärzeitlichen Verwitterungsdecke. Ihre heute rundliche, an Walfischrücken erinnernde Form erhielten sie einerseits durch ein vorgezeichnetes System von Entlastungsklüften und andererseits durch chemische Verwitterungsprozesse, die bevorzugt an den Ecken und Kanten dieser Felsblöcke ansetzten. Als sich am Ende des Tertiärs das Klima von feucht-warm hin zu einem eiszeitlichen Klima verschob, lösten lineare Erosionsprozesse durch abfließendes Wasser die vormals flächenhafte Verwitterung ab. Die abgerundeten Granitblöcke wurden so freigelegt.

Nahe der Oberfläche hob der Frost während der Eiszeiten selbst viele Tonnen schwere Blöcke an. Dieser Prozess lässt sich damit erklären, dass Eiskristalle im durchfeuchteten Boden überwiegend senkrecht zur Abkühlungsfront wachsen. Die Frostfront dringt also von oben nach unten ein, wobei Felsblöcke im Feinmaterial festfrieren und durch die Ausdehnung des Eises mit angehoben werden. An den sanften Hängen der Südlagen des Steinwaldes setzten sich diese beim jährlichen Auftauen der oberen Bodenschichten über dem Permafrost langsam hangabwärts in Bewegung. Beim Gefrieren des Bodens im Winter blieben sie wieder liegen. Da sich dieser Prozess über Jahrtausende wiederholte, konnten die heute fernab ihres Herkunftsortes liegenden Granitblöcke Entfernungen von mehreren Hundert Metern zurücklegen. Diese als Solifluktion bezeichnete Kriechbewegung kam mit der Wiederbewaldung nach dem Ende der letzten Eiszeit zum Erliegen und die Blöcke verblieben seither an ihrer Position.

Die Sage erklärt die Entstehung des Teufelssteins freilich anders: Nach ihr wollte einst der Teufel den Bau der Wallfahrtskirche in Fuchsmühl verhindern und einen großen Granitfelsen aus dem Steinwald auf sie werfen. Auf seinem Weg begegnete

Silikatkarren auf dem Teufelsstein bei Napfberg.

ihm eine Frau, bei der er sich erkundigte, wie weit es denn noch bis nach Fuchsmühl sei. Sie zeigte ihm angstschlotternd ihre kaputten Schuhe, die sie auf dem Rücken trug. Der Teufel aber war über den weiten Weg, der noch vor ihm lag, so erzürnt, dass er seinen Stein auf den Boden warf, wo er heute noch liegt.

Auch am Teufelsstein sind, wie an vielen anderen Felsen des Steinwaldes, rinnenartige Vertiefungen auf den Gesteinsoberflächen zu erkennen. Es sind natürliche, durch physikalisch-chemische und biologische Verwitterungsprozesse entstandene Silikatgesteinskarren, die in engem Zusammenhang mit abfließendem Wasser stehen, welches die verwitterten oder gelösten Mineralien des Granits abtransportierte. Waren derartige Rinnen einmal vorgezeichnet, bildeten sie künftig die bevorzugten Abflussbahnen und tieften sich weiter ein.

In früheren Zeiten beurteilte man diese Felsen jedoch nicht unter dem Aspekt ihrer besonderen geologischen Geschichte oder gar nach ihrer landschaftlichen Schönheit. Vielmehr sah man in ihnen ein ortsnahes Vorkommen von Baumaterial. Es ist daher nicht verwunderlich, dass versucht wurde, die Blöcke zu zerkleinern. So sind am mittleren Block eindeutige Spuren dieses Abbauversuchs zu erkennen. Um den Block zu zerlegen, wurden durch Einschlagen von Eisenkeilen mit Hilfe des Prellers kleine Keillöcher geschaffen, die einer nur bei genauem Hinsehen erkennbaren Kluft folgen. Offensichtlich löste sich der Block aber nicht vom Fels, sodass der Abbau erfolglos blieb.

Der Teufelsstein ist als Naturdenkmal geschützt und im bayerischen Geotopkataster unter der Nr. 377R011 erfasst. Seine Bedeutung liegt in der Seltenheit derartiger Felsen in der Region.

Die Jüngeren Granite

Die Jüngeren Granite bilden die höchsten Gipfel des Fichtelgebirges und sind mit einem Alter von etwa 298 Mio. Jahren in einem zeitlich deutlichen Abstand zu den Älteren Graniten in die Umgebungsgesteine eingedrungen und dort auskristallisiert. Sowohl dieser zeitliche Abstand als auch der unterschiedliche Chemismus und die unterschiedliche Form der Intrusionskörper lassen auf ein eigenständiges Intrusionsgeschehen schließen (SIEBEL et al. 2010). Schweremessungen deuten darauf hin, dass die Wurzelzone des Intrusionskörpers und damit auch die Aufstiegswege im zentralen Fichtelgebirge liegen.

Die sogenannten G 2-Granite weisen im Vergleich zu den älteren G 1-Graniten ein weniger porphyrisches und deutlich feinkörnigeres Gefüge auf, was auf rasches Erkalten in den Dachregionen und an den Rändern der Intrusionskörper schließen lässt. Daher konnten sich keine großen Feldspatindividuen wie bei den Älteren Graniten entwickeln. Man spricht deshalb auch von den Dach- und Randgraniten des Fichtelgebirges.

Der Goethefelsen: das Luisenburg-Felsenlabyrinth macht hier seinem Namen alle Ehre.

In die noch nicht erkalteten G 2-Granite intrudierte etwas später frisches magmatisches Material, das infolge der Restwärme des Umgebungsgesteins langsamer erkaltete und somit wieder größere Feldspatkristalle wachsen ließ, was dem G 3-Granit ein mittel- bis grobkörniges Gefüge verlieh.

Während sich der G 2-Granit vom G 3-Granit stofflich nur unwesentlich unterscheidet, zeigt sich der mittel- bis grobkörnige Zinngranit (G 4-Granit) insbesondere wegen seines Zinngehaltes stofflich völlig anders. Die Anreicherung an seltenen Mineralien in den jüngsten Graniten, insbesondere im Zinngranit, kann dadurch erklärt werden, dass aufgrund ungangbarer Ionenradien bestimmte Elemente nicht in die

Mineralien des Granits eingebaut werden konnten und sich deshalb in der Schmelze angereichert haben. Im jüngsten Granit finden sich deswegen bedeutend mehr aus granitischen Restschmelzen entstandene Pegmatite. Sie führen bei Mineraliensammlern begehrte Mineralien wie Topas, Fluorit, Uranglimmer, Zinnstein, Turmalin und viele andere mehr.

Luisenburg: Goethe und die Wollsackverwitterung

Das Felsenlabyrinth an der Luisenburg im Granitmassiv der Kösseine gehört zu den schönsten Felsformationen Deutschlands und ist eines der Wahrzeichen des Fichtelgebirges. Wie von Riesenhand übereinandergeschüttet liegen dort Tausende bis zu mehrere Meter große Granitblöcke scheinbar regellos verstreut und bilden ein beeindruckendes Felsenmeer, das unter der Bezeichnung „Großes Labyrinth" schon im Jahr 1938 als erstes Naturschutzgebiet Oberfrankens unter Schutz gestellt wurde. Damit wollte man das schönste Blockmeer des Fichtelgebirges mit seinem grandiosen Felsenlabyrinth und seinen seltenen Pflanzen, wie z. B. dem Leuchtmoos, für die Nachwelt erhalten.

Man erreicht diesen Geotopkomplex, wenn man die B 303 an der westlichen Abfahrt nach Wunsiedel verlässt und der Beschilderung zu den Luisenburg-Festspielen etwa 1 km in südlicher Richtung bis zu den Wanderparkplätzen folgt. Von dort aus geht man die Straße bergauf und kann den Eingang zum Labyrinth nicht verfehlen. Der Eintritt ist allerdings kostenpflichtig. Festes Schuhwerk ist wegen der vielen Wurzeln und manchmal ausgetretenen und bei Regen rutschigen Steine sehr zu empfehlen. Aufgrund der niedrigen und engen Durchschlupfe empfiehlt sich auch robuste Kleidung. Wegen der leichten, aber abwechslungsreichen Kletterei ist die Luisenburg ein beliebtes Ausflugsziel für Jung und Alt.

Das Nationale Geotop ist nicht nur ein außergewöhnliches Naturerbe, sondern auch das Ergebnis einer gezielten Inszenierung der vorhandenen geologischen Formen. In Teilen ist es ein romantischer Landschaftsgarten, der von 1790–1820 auf Initiative bürgerlicher Wunsiedeler Honoratioren aus einer schwer zugänglichen Wildnis geformt wurde. Dem Theaterfreund sind sicherlich die Luisenburg-Festspiele auf Deutschlands ältester Freilichtbühne bekannt, die in das geologische Ensemble integriert wurde.

Goethe hat sich auf der Luisenburg mit der Ursache der Formenvielfalt beschäftigt.

Goethe im Fichtelgebirge

Zahlreiche Sagen ranken sich um die Bildung des Felsenlabyrinths. Lange brachte man seine Entstehung mit Naturgewalten wie Erdbeben, Stürmen und Vulkanausbrüchen in Verbindung. Erst der naturwissenschaftlich geschulte Dichterfürst Johann Wolfgang von Goethe führte die Entstehung des Felsenlabyrinths auf Verwitterungsprozesse zurück. Im Jahr 1785 reiste er zusammen mit seinem Begleiter Karl Ludwig von Knebel zu naturwissenschaftlichen Studien in das Fichtelgebirge, wo sie unter anderem die Felsen der Luisenburg (bis zum Jahr 1805 noch Luxburg genannt) bestiegen. Dabei zeichnete Goethe schematisch Granitformationen und erkannte die Grundprinzipien der Wollsackverwitterung. Er beobachtete, dass der hier anstehende Granit von einem System aus horizontalen und vertikalen Klüften durchzogen ist, die als Ansätze für die Verwitterung eine entscheidende Rolle spielen. An ihnen konnten seiner Auffassung nach Wässer und Wurzeln eindringen, sodass das Gestein dort schneller verwitterte und das entstandene Lockermaterial ausgewaschen wurde.

Bei seinem zweiten Besuch der Luisenburg im Jahr 1820 deutete Goethe die Entstehung des Blockmeeres an der Luisenburg richtig, indem er die Bildung der abgerundeten Granitfelsen auf Verwitterungsprozesse und anschließenden Transport hangabwärts zurückführte. Seine Beobachtungen kamen somit den Prozessen der Wollsackverwitterung schon erstaunlich nahe. Blieben die Blöcke in ihrer ursprünglichen Lagerung liegen, bildeten sie Felstürme. Stürzten diese Formen jedoch in sich zusammen und wurden hangabwärts bewegt, kam es zur Blockmeerbildung. Den reichen Formenschatz der Granitverwitterung, von Wollsack- bzw. Matratzenbildung über Felstürme bis zur beeindruckenden Blockmeerbildung kann man im Luisenburg-Felsenlabyrinth ohne großen Aufwand studieren.

Unter dem feucht-warmen Klima des Tertiärs erreichte die Verwitterungsfront je nach petrographischer Zusammensetzung der Gesteine und den jeweiligen hydrologischen Verhältnissen auch innerhalb der einzelnen Granitareale unterschiedlich große Tiefen. Dies hatte zur Folge, dass neben tiefgründig verwitterten Bereichen frische Gesteinskomplexe inselartig vorhanden waren.

Aufgrund seiner geologischen Einmaligkeit wurde das Felsenlabyrinth am 12. Mai 2006 als eines der bedeutendsten Geotope Deutschlands ausgezeichnet und wird im bayerischen Geotopkataster unter der Nr. 479R014 als wertvolles Geotop genannt.

Großer Waldstein

Besonders schön ist die Wollsackverwitterung am tektonisch herausgehobenen Waldsteinkamm zu sehen, wo im ausgehenden Tertiär und danach im Pleistozän die Erosion optimale Ansatzpunkte fand. Durch Ausräumung des Verwitterungsmaterials wurden Felsformationen ruinenartig herauspräpariert und damit für die flächenhaften Abtragungsprozesse des Pleistozäns anfällig. Je nach Lage der Felsblöcke innerhalb des Gesteinsverbundes waren diese Felsruinen unterschiedlich stabil, sodass sie häufig ganz oder teilweise in sich zusammenfielen.

Der Große Waldstein bei Weißenstadt mit seinen mächtigen Felsentürmen ist mit einer Höhe von 877 m ü. NN einer der markantesten Berge im Fichtelgebirge. Im Gipfelbereich befindet sich ein Mischwald mit altem Buchenbestand. Eine Vielzahl markierter Wanderwege führt aus allen Richtungen dorthin. Von Weißenstadt oder Sparneck führen Fahrstraßen bis zum Waldsteinhaus, einem Unterkunftshaus des Fichtelgebirgsvereins, von dem aus ein kurzer Spazierweg zu den geomorphologisch interessanten Felsformationen führt.

Der Gipfelgrat des Großen Waldsteins ist eine ausgedehnte Gipfelfelsburg aus grobkörnigem Granit, der in seinem Nordteil von einem Aplitgang quer durchschlagen wird. Sein spektakuläres Aussehen hat dieses Geotop der Wollsackverwitterung zu

Der stillgelegte Waldstein-Steinbruch.

verdanken, die für die Bildung vieler eindrucksvoller Granitformationen des Fichtelgebirges verantwortlich ist.

Silikatkarren s. Seite 54

Geomorphologisch interessant sind die im Gipfelbereich zu beobachtenden Silikatgesteinskarren. Sehenswert sind auch die östlich des Waldsteinhauses gelegenen Reste der Umfassungsmauer einer im 14. Jahrhundert von den Herren von Sparneck erbauten Burg, die wegen ihres roten Ziegeldaches "Rotes Schloss" genannt wurde. Die Burg wurde 1523 vom Schwäbischen Bund zerstört und nie wieder aufgebaut.

Ein anderer Weg führt von der Verbindungsstraße Weißenstadt – Sparneck zum Waldsteingipfel. Etwa 2 km vor Weißenstadt, kurz vor der Passhöhe, zweigt links ein Waldweg zum Waldstein-Steinbruch GRASYMA ab. Bis 2004 wurde hier der harte und druckfeste Kerngranit abgebaut. Dieser Granit zeichnet sich durch eine besonders gute Witterungsbeständigkeit aus, war aber wegen der häufigen Fremdgesteinseinschlüsse (Xenolithe), mineralhaltigen Drusen und der zahlreichen Störungszonen nur schwer gewinnbar. Mineraliensammler wurden immer wieder in den Quarzgängen und Pegmatitadern fündig. Neben schönen Bergkristallen zählten Turmalin, Topas, Fluorit und Uranglimmer zu den gesuchten Pretiosen. Vereinzelt lassen sich heute noch Turmalinsonnen in den Granitblöcken der Abraumhalde finden, wobei die Suche wegen der oft nur locker übereinanderliegenden und absturzgefährdeten Blöcke aber nicht ungefährlich ist.

Die seit Mitte des 19. Jahrhunderts andauernde Abbautätigkeit, bei der mehr als 200 000 m^3 Granit gefördert wurden,

hinterließ eine klaffende und weithin sichtbare Wunde in der Flanke des Waldsteins. Andererseits fanden hier Generationen von Steinbrucharbeitern ihr Auskommen. Nach der Stilllegung im Jahr 2004 ist der Steinbruch rasch abgesoffen und die Natur eroberte sich das Areal schnell wieder zurück. Die extremen kleinklimatischen Bedingungen sind ein Segen für viele Spezialisten der Tier- und Pflanzenwelt, die hier wieder einen Lebensraum gefunden haben.

Granit vom Waldstein-Steinbruch.

Vom Waldstein-Steinbruch aus erreicht man über den Fränkischen Gebirgsweg in westlicher Richtung nach wenigen Minuten den Napoleonshut. Eine Laune der Natur hat hier einem alleinstehenden Granitblock durch Verwitterung diese markante Form gegeben. Sowohl dieser Fels wie auch der Wal, der ebenfalls am Wanderweg Richtung Waldsteingipfel liegt, bestehen aus Kerngranit. Der Waldsteingipfel ist als geowissenschaftlich bedeutendes Geotop unter der Nr. 475R009 im bayerischen Geotopkataster erfasst.

Epprechtstein

Eines der bedeutendsten Zentren der Granitgewinnung im Fichtelgebirge war der Epprechtstein bei Kirchenlamitz, in dessen Flanken rund 20 Steinbrüche angelegt wurden. Der hier auftretende Kerngranit war wegen seiner Homogenität und guten Bearbeitbarkeit als Werkstein lange Zeit ausgesprochen geschätzt. Der Epprechtstein ist über die Abfahrt Selb-West der A 93 zu erreichen, wenn man der Staatsstraße St 2179 in westlicher Richtung nach Kirchenlamitz folgt.

Einen hervorragenden Einblick in die Geologie, Berg-

Turmalinsonne (Schörl) im Granit vom Waldstein.

Der Schloßbrunnen-Bruch am Epprechtstein; Blick Richtung Südosten.

Granit-Lehrpfad am Epprechtstein

baugeschichte und Granitverarbeitung bietet der Granit-Lehrpfad, dessen Ausgangspunkt am Wanderparkplatz am Buchhaus bei Kirchenlamitz liegt, wo sich ein Granitblock mit Übersichtskarte auch zur Lage der wichtigsten Stationen befindet. In etwa 2,5 h kann man sich hier auf ungefähr 3,5 km Länge – begleitet von hervorragend aufbereiteten Informationstafeln – den Granit erwandern. Der Weg führt an alten Steinbrüchen, einer Pulverkammer, einem Schutzunterstand und einer Verladerampe an der ehemaligen Lokalbahn vorbei.

Die Informationstafeln veranschaulichen die Entstehung des Granits, die Gewinnung, die Verarbeitung und den Abtransport. Nicht zuletzt finden sich auch Hinweise auf die hier vorkommenden Mineralien wie Topas, Feldspat und Bergkristall, die den Epprechtstein als Mineralfundstelle weltberühmt gemacht haben. Aber auch die seltenen Pflanzen und Tiere werden ausführlich beschrieben.

Der eigentliche Aufschwung der Granitindustrie des Fichtelgebirges begann mit dem Bau der Eisenbahn im 19. Jahrhundert. Einerseits hatte die Bahn selbst großen Bedarf an Werksteinen, andererseits schuf sie die Voraussetzungen für den Abtransport der gewonnenen Granitblöcke und der in den Steinmetzbetrieben geschaffenen Endprodukte. Welche Bedeutung der Granitabbau hatte, zeigt die Tatsache, dass im Jahr 1897 jeder zweite arbeitsfähige männliche Einwohner von Kirchenlamitz seinen Lebensunterhalt im Steinbruch oder in der Granitverarbeitung verdiente. Insgesamt waren damals in den fünf Kirchenlamitzer Steinmetzbetrieben rund 450 Arbeiter beschäftigt.

Am längsten in Betrieb war der Schloßbrunnen-Bruch am Anfang der kleinen Wanderung, der auch heute noch durch seine Größe beeindruckt. Schon im Jahr 1902 verfügte dieser Bruch über eine eigene Drahtseilbahn zum Abtransport der gewonnenen Granitblöcke. Da einige Quarzklüfte den Granit durchziehen, kann man immer noch Quarzkristalle mit kleinen aufgewachsenen Euklaskristallen finden und so einen Eindruck über den früheren Mineralreichtum des Epprechtsteins gewinnen. Zu Betriebszeiten wurden im Schloßbrunnen-Bruch etwa 50 zum Teil seltene Mineralien gefunden.

Die Lager-Klüftung (Bankung) wird zur Oberfläche hin immer dichter.

Nicht vergessen sollte man bei dieser Wanderung den Besuch der Burgruine Epprechtstein auf dem Gipfel (798 m ü. NN), von wo aus man einen herrlichen Blick über das Fichtelgebirge hat. Die Feste wurde um 1200 aus Granit erbaut und 1553 zerstört. Ebenfalls eine Schöpfung von Menschenhand und komplett aus heimischen Granitquadern gebaut ist das „Granit-Labyrinth Epprechtstein“, das am Fuße des Epprechtsteins an der Kreisstraße von Kirchenlamitz nach Weißenstadt liegt.

Felsenburg Nußhardt

Verlässt man die A 93 an der Anschlussstelle Marktredwitz-Nord und folgt der B 303 in Richtung Westen, erreicht man nach etwa 23 km den Scheitelpunkt der Strecke über das Fichtelgebirge. Auf der rechten Seite der B 303 bietet der Seehaus-Parkplatz einen günstigen Ausgangspunkt für den Aufstieg zum Seehaus und zum Nußhardt, eine der schönsten Felsengruppen des Fichtelgebirges.

Ein leicht ansteigender, weiß-rot markierter Wanderweg führt durch einen schönen Bergmischwald zum Seehaus, einer

Blick vom Nußhardt.

Schutzhütte des Fichtelgebirgsvereins, die 1762 als Zechenhaus für den Zinnbergbau erbaut wurde. Gegen Ende des Anstiegs sind neben dem Wanderweg tiefe Gräben zu erkennen, die durch den Abbau des zinnhaltigen Sediments in der dortigen Seifenlagerstätte entstanden. Auch der kleine Teich vor dem Seehaus steht in Zusammenhang mit der früheren Bergbautätigkeit. Er wurde für die damalige Zinnwäsche angelegt, um die abgebauten zinnsteinhaltigen Sande durch Schlämmen anzureichern.

Zinnbergbau s. Seite 70

Vom Seehaus folgt man einem mit blauem Punkt auf weißem Feld markierten Steig etwa 2 km über eine Hochfläche hinauf zur Felsengruppe auf dem Nußhardt, dem mit 972 m ü. NN dritthöchsten Gipfel des Fichtelgebirges. Man kann sich hier gut vorstellen, wie diese Felsengruppe während des Tertiärs die damals flachwellige Rumpfflächenlandschaft überragt haben könnte.

Hat man nicht nur ein Auge für die landschaftliche Schönheit, sondern auch für die Felsen auf dem Weg, wird man feststellen, dass dieser in einem Gestein verläuft, das nur auf den ersten Blick einem Granit ähnelt. In den durch viele Wanderstiefel glatt polierten Felsen fallen große, teilweise eingeregelte Feldspatkristalle auf, die von der Schieferung des Gesteins scheinbar umflossen werden, sodass sie wie Augen aussehen. Für dieses Gestein hat sich daher die Bezeichnung Augengneis eingebürgert. Es handelt sich geologisch korrekt angesprochen um einen Orthogneis, genauer um einen metamorphisierten Granit, der lange vor den Fichtelgebirgsgraniten vorhanden war. Seine Verschieferung zeigt die Wirkung der Metamorphose. Aus der Einregelung der Feldspatkristalle und der Schieferung des Gesteins lässt sich ableiten, dass es zu einer plastischen Verformung des Ausgangsgesteins während der Variszischen Gebirgsbildung gekommen sein muss, wie sie nur in einer Tiefe von mehr als 10 km stattgefunden haben kann.

Langsam geht die Hochfläche nun in eine spektakuläre Granitlandschaft mit Blockmeer und Felsenburg über. Stabil und unveränderlich wirken die rundlichen Formen der Granitblöcke des Nußhardtgipfels, doch liegen viele von ihnen nur scheinbar ungestört übereinander. Bei genauerer Betrachtung lässt sich erkennen, dass die Felsengruppe durch die Einwirkung von Verwitterung und Schwerkraft langsam zerfällt. Meist sind die Felsen verstürzt und bilden höhlenähnliche Gebilde wie die sogenannte Nußhardtstube, eine etwa 50 m lange Überdeckungshöhle mit einem niedrigen Eingang an der Südseite der Felsengruppe nahe der Aufstiegstreppe zum Aussichtspunkt.

Der Nußhardt selbst besteht aus dem grobkörnigen Kerngranit (G 3). Über eine Treppe erreicht man den Gipfel eines Aussichtsfelsens, von wo aus sich ein herrlicher Blick über das Fichtelgebirge und weit darüber hinaus bietet. Zum Greifen nahe sind die zwei Eintausender des Fichtelgebirges: im Norden der 1 051 m hohe Schneeberg, der höchste Berg Nordbayerns mit seinem stumpfen, weißen Turm, und im Westen der 1 024 m hohe Ochsenkopf mit seiner hohen, schlanken Antenne. Im Tal schimmern der Karchesweiher und der Fichtelsee. Bei guter Sicht ist im Süden sogar der Rauhe Kulm, ein erloschener Vulkan der benachbarten Oberpfalz, zu erkennen.

Auf der Aussichtsplattform sind acht kleine, oft mit Wasser gefüllte Mulden im Granit zu sehen, von denen die größte etwas spöttisch Nußhardt-See genannt wird. Der Sage nach stellen sie Druidenschüsseln dar, die früher als Opferblutschalen Verwendung gefunden haben sollen, was jedoch nicht der wissenschaftlichen Realität entspricht. Es handelt sich vielmehr um Verwitterungsformen im Granit.

Wegen seiner malerischen Schönheit ist der Nußhardt eines der beliebtesten Ausflugsgebiete des Fichtelgebirges. Weniger bekannt ist, dass es hier ausgesprochen seltene Pflanzen gibt, die seit 10 000 Jahren als sogenannte Eiszeitrelikte in der Gipfelregion des Nußhardts die Klimaveränderung seit der letzten Eiszeit überdauern konnten. Es sind ausgesprochene Spezialisten wie Moose und Flechten, die mit den extremen mikroklimatischen Bedingungen auf den kargen Felsen zurechtkommen: Hitze und Wassermangel im Sommer, aber eisige Temperaturen im Winter.

Der natürliche Hochlagen-Fichtenwald bietet zudem ein Rückzugsgebiet für Tierarten, die in Deutschland außerhalb der Alpen kaum noch vorkommen. So lebt hier noch das störungsempfindliche Auerhuhn, das strukturreiche und lichte Nadelwälder mit einer reichen Beerenvegetation zum Überleben braucht. Auch der Luchs findet in den großflächigen Wäldern mit ihrer Felslandschaft optimale Versteck- und Jagdmöglichkeiten, sodass sich hier wieder eine kleine Population angesiedelt hat. Der Gipfelbereich mit Felsburg und Blockmeer ist auf einer Fläche von 5,5 ha als Naturschutzgebiet ausgewiesen. Im Geotopverzeichnis des Bayerischen Landesamtes für Umwelt ist der Nußhardt unter Nr. 472R013 als wertvolles Geotop aufgenommen.

Zinnseifen an der Vordorfermühle

Zinnerz wurde im Fichtelgebirge nur an wenigen Stellen, wie zum Beispiel am Seehaus und bei Weißenstadt am Nordhang des Schneebergs, untertägig gewonnen. Hauptmineral für die Gewinnung von Zinn ist der Zinnstein (Kassiterit), der im chemischen Idealfall 78,8 % Zinn enthält. Als Lagerstätte findet man ihn in vergreisten Zonen an der Grenze zwischen Zinngranit und Kontakt-Glimmerschiefer. Manchmal tritt der Zinnstein in vererzten Pegmatitlinsen auf, wo er in Klüften und Drusen Kristalle bis zu 1 cm Größe bilden kann. Durch Verwitterung des erzhaltigen Ausgangsgesteins und die anschließende Konzentration der Schwermineralien in Fließgewässern kam es zur Bildung von Seifenlagerstätten, die im Fichtelgebirge früher eine große wirtschaftliche Bedeutung hatten. Diese Zinnseifen haben zwischen Weißenstadt im Norden und Fichtelberg im Süden eine weite Verbreitung. Bei genauer Beobachtung des Geländes lassen sich zwar noch heute vielerorts Seifenhügel im Wald erkennen, doch wirklich schöne Zeugnisse dieser Abbaumethode sind im Laufe der Jahrhunderte immer seltener geworden.

Greisen: durch pneumatolytische Einwirkung heißer Gase, Lösungen oder Schmelzen auf granitähnliche Gesteine entstanden; Pneumatolyse *s. Kasten Seite 71*

Wirtsgestein des Zinnsteins ist der Zinngranit, der ausschließlich im Hohen Fichtelgebirge vorkommt. Dieser junge Granit durchdringt ältere Granite nach STETTNER (1958) meist unregelmäßig oder in gangartigen Lagern. Aus geochemischen Untersuchungen von Flüssigkeitseinschlüssen im Zinngranit wurden In-

Zinn-Seifenhügel.

trusionstiefen von 2,5 – 5,0 km ermittelt (THOMAS 1994, SIEBEL et al. 1997). Mit seinem ausgesprochen gleichkörnigen Gefüge ähnelt er vom Aussehen her den Kerngraniten. Der entscheidende petrographische Unterschied zu diesen ist darin zu sehen, dass der Zinngranit durch die Folgen pneumatolytischer und hydrothermaler Phasen zum Teil stark verändert wurde.

Kontakt Kristallbergwerk Sack'scher Keller s. Seite 102

Pneumatolyse erfolgt im Rahmen der Abkühlung und teilweisen Auskristallisation des Magmas unter hohem Druck im Erdinneren. Während durch die Abkühlung das Volumen des Magmas abnimmt, reichern sich darin leichtflüchtige Stoffe in heißen Gasen und Dämpfen an. Die mit Wasserdampf, Kohlendioxid, Fluor, Chlor, Bor, aber auch Metallen wie Beryllium oder Zinn beladenen Dämpfe führen zu einer Erhöhung des Gasdrucks in der Schmelze. Wird nun der Umgebungsdruck überschritten, dringen die aggressiven sauren Schmelzen mit ihrem hohen Siliziumgehalt tief in das Umgebungsgestein ein. Wegen der hohen Temperatur der Gase wird dieses zum Teil angeschmolzen, was wiederum zu komplizierten Siede- und Destillationsprozessen führt. So kommt es fernab des Ursprungsortes der Dämpfe und Gase in Spalten und anderen Hohlräumen zur Kristallisation von Mineralien wie Turmalin, Beryll, Topas, Apatit und Fluorit, aber auch zur Entstehung von Zinn-, Wolfram- oder Molybdänlagerstätten.

Im Gegensatz dazu entstehen **hydrothermale Mineralvorkommen** aus mit verschiedenen Elementen gesättigten Lösungen. Der Unterschied zur Pneumatolyse besteht darin, dass hier Wasser im Spiel ist, das in Abhängigkeit von den Druckverhältnissen bis zu Temperaturen von 374 °C noch flüssig sein kann. Da heiße Wässer mehr gelöste Mineralstoffe aufnehmen können als kältere, führt die Abkühlung der Lösungen zur Kristallisation von Mineralien an den angrenzenden Gesteinsschichten. Auf diese Weise entstanden beispielsweise viele der mit Bergkristallen besetzten Klüfte des Fichtelgebirges, wie sie im Sack'schen Keller in Weißenstadt abgebaut wurden.

Pegmatite sind grob- bis riesenkörnige magmatische Gesteine, die aus einer an flüchtigen Bestandteilen reichen Restschmelze entstehen. Sie sind in ihrer chemischen Zusammensetzung eng mit den Graniten verwandt, unterscheiden sich von ihnen aber durch die enorme Größe der sie aufbauenden Kristalle, die mehrere Meter erreichen kann. Ein derartiges Größenwachstum ist nur durch eine sehr langsame Abkühlung der Schmelze weit unter der Erdoberfläche möglich. Die Hauptmineralbestandteile der Pegmatite sind also auch Quarz, Feldspat und Glimmer. Letzterer tritt meist als Muskovit auf.
In Hohlräumen zwischen den großen Kristallen (Drusen) sind häufig schön auskristallisierte Mineralien zu finden. Elemente, die nicht in das Kristallgitter der gesteinsbildenden Mineralien eingebaut werden können, kristallisieren dort häufig aus. So reichern sich in Pegmatiten oft erhebliche Mengen seltener Elemente wie Lithium, Beryllium, Niob, Tantal, Bor oder auch Uran, Thorium, Phosphor und Fluor in Form verschiedenster Mineralien an. Pegmatite bilden daher oft wichtige Lagerstätten.
Im Gegensatz zu den bekannten großen Pegmatitvorkommen der nördlichen Oberpfalz (Hagendorf, Pleystein) konnten hier im Zinngranit die Restschmelzen nicht in das Umgebungsgestein abwandern, sondern kristallisierten auf Spalten und in Hohlräumen im Granit selbst aus. Ihre geringe Mächtigkeit ließ keine wirklich großen Lagerstätten entstehen. Heute ist wegen des Niedergangs des Granitabbaus von den Pegmatiten, die in Form von cm- bis dm-dicken Gängen und Drusen im Zinngranit auftreten, nicht mehr viel zu sehen. Besonders die Mineraliensammler hatten ein Auge auf die dort vorkommenden Drusen, denn aus ihnen wurden viele der begehrten und berühmten Mineralstufen des Fichtelgebirges geborgen.

Im ersten Viertel des 14. Jahrhunderts erweckte der Erzreichtum das Interesse der Burggrafen von Nürnberg. Mit dem Lehen Wunsiedel sicherten sie sich im Jahr 1321 einen Besitz mit der Ambition, ein städtisches Zentrum für den dort umgehenden Bergbau auf Eisen und Zinn zu gründen. Es darf als sicher gelten, dass für die Gründung der Stadt Wunsiedel im Jahr 1326 und deren rasches Wachstum die Zinnvorkommen des Fichtelgebirges eine wichtige Rolle spielten.

Bei der Herstellung von Zinnblechen erlangte Wunsiedel im 14. und 15. Jahrhundert eine Monopolstellung in Mitteleuropa. Eine herausragende Rolle spielte hierbei der Wunsiedeler Blechzinner Sigmund Wann im 15. Jahrhundert, der mit der Verarbeitung von Zinn ein für damalige Zeiten sagenhaftes Vermögen machte. Gewinnstreben und Reichtum waren mit dem damaligen christlichen Selbstverständnis jedoch nur schwer vereinbar, und so gab dieser Gewissenskonflikt wohl den Ausschlag für das soziale Engagement Wanns. Großzügig unterstützte er das Wunsiedeler Spital, in dem heute das Fichtelgebirgsmuseum untergebracht ist.

Kontakt Fichtelgebirgsmuseum s. Seite 102

Doch schon im 15. Jahrhundert waren die einfach zu gewinnenden Seifenlagerstätten ausgebeutet und reichere Lagerstätten im benachbarten Böhmen und Sachsen ließen die Vorkommen des Fichtelgebirges in der Bedeutungslosigkeit versinken. Zwar wurde im Jahr 1917 am Seehaus bei Wunsiedel noch einmal der Versuch eines Zinnabbaus unternommen, da Deutschland im Ersten Weltkrieg von den Rohstoffmärkten abgeschnitten war, doch mangels Rentabilität wurde dieser im Jahr 1924 wieder eingestellt.

Eine der größten Zinnwäschereien waren die Zinngräben westlich der Vordorfermühle. Dieses bergbauhistorisch interessante Gebiet ist von der A 93 Regensburg – Hof zu erreichen, wenn man die Autobahn an der Ausfahrt Marktredwitz-Nord verlässt und der B 303 nach Westen in Richtung Bayreuth folgt. Ca. 2 km nach der Gemeinde Tröstau biegt man rechts auf die Kreisstraße WUN 7 in Richtung Weißenstadt ab und bleibt bis zur Ortschaft Vordorf auf dieser Straße. In Vordorf biegt man nach links zur Vordorfermühle ab und folgt dieser Ortsstraße etwa 300 m bis zu einer Gabelung. An der Gabelung nimmt man den rechten Weg und fährt ihn 1,3 km entlang, bis er den Schöffellohbach überquert. Links des Weges liegen etwas versteckt im Wald die langgezogenen Seifenhügel und Schürfgräben.

Venetianer-Sagen

Der Reichtum an Gold, Eisen, Zinn und anderen Erzen im früher dicht bewaldeten Fichtelgebirge findet sich in vielen Sagen. Häufig tauchen in diesem Zusammenhang – wie in ganz Deutschland – die Venetianer auf. Diese sagenumwobenen Gestalten, die auch Venediger, Welsche, Walen oder Erdmännchen genannt wurden, stehen jedoch in keinem direkten Zusammenhang mit dem Erzbergbau im Fichtelgebirge.

Die Venetianer haben aber einen realen Hintergrund. Häufig waren sie ärmlich gekleidet und betrieben einen Hausiererhandel. Diese wirklich aus Venedig stammenden Rohstoffexperten waren in ganz Deutschland unterwegs und suchten gezielt nach Mangan und Kobalt. Diese Erze waren in Venedig auf der Insel Murano für die dort ansässige hochentwickelte Glasindustrie als Färbemittel gefragte Rohstoffe.

Sicherlich waren im Fichtelgebirge damals mineralkundige Experten auf der Suche nach Bodenschätzen. Da sie und ihre Tätigkeit der einheimischen Bevölkerung sehr fremd gewesen sein müssen, fanden sie Eingang in die Welt der Sagen. Häufig findet sich dort auf die Frage der Einheimischen, was sie hier täten, die wahre Antwort, dass sie auf der Suche nach Steinen wären. Und auf deren Unverständnis antworteten sie angeblich oft, dass der Stein, den sie auf eine Kuh werfen, wertvoller wäre als die ganze Kuh. Ein wahrer Kern ist in diesen Sagen daher sicher zu finden.

Fuchsbau bei Leupoldsdorf

Geologisch-historischer Lehrpfad Leupoldsdorf-Vordorf

Die Fuchsbau-Steinbrüche sind von der A 93 Regensburg – Hof zu erreichen, wenn man die Autobahn an der Ausfahrt Marktredwitz-Nord verlässt und der B 303 nach Westen in Richtung Bayreuth folgt. Ca. 2 km nach der Gemeinde Tröstau biegt man rechts auf die Kreisstraße WUN 7 in Richtung Weißenstadt ab. Die vor allem bei Mineraliensammlern bekannte Lokalität ist in einer ca. 30-minütigen Wanderung von der Ortschaft Leupoldsdorf aus in westlicher Richtung auf dem Fuchsbauweg zu erreichen. Dieser ist Teil des geologisch-historischen Lehrpfads, der am ehemaligen Bahnhof in Leupoldsdorf beginnt und gut beschildert über den Zinn- und Granitabbau, die Geologie, den Naturraum und die Industriegeschichte informiert.

Beim Fuchsbau handelt es sich um eine ganze Reihe stillgelegter Steinbrüche, die so ineinander verschachtelt angelegt waren, dass im Volksmund der Name Fuchsbau entstand. Die Brüche liegen im Zinngranit, was für die Werksteingewinnung im Fichtelgebirge eine Ausnahme darstellt. Der Zinngranit ist ein feinkörniger Orthoklasgranit mit viel Muskovit, der wegen seiner schönen Struktur und hellen Farbe früher gerne als Architekturstein eingesetzt wurde. Die geringe Druckfestigkeit führte aber zur Einstellung der Steinbruchtätigkeit. Ein weiterer Nachteil dieses Granits ist, dass dieses vermeintlich so harte Gestein unter Witterungseinfluss in wenigen Jahrzehnten sichtbar verwittert. Es platzen cm- bis dm-mächtige oberflächenparallele Platten ab, die schnell vergrusen.

Dieses Phänomen, das an den senkrechten Wänden in den Steinbrüchen gut zu beobachten ist, hat seine Ursache in der Druckentlastung des Gesteinsverbundes durch den Gesteinsabbau. Der Geologe bezeichnet diese Erscheinung mit dem Fachbegriff Exfoliation, die praktisch überall in Granitsteinbrüchen weitgehend horizontale Bankungsrisse erkennen lässt. Dass dies im Fuchsbau an senkrechten Wänden so ausgeprägt ist, spricht dafür, dass der Granit nicht nur durch seine Auflast unter Druck stand, sondern auch zu den jetzt offenen Bruchwänden hin eingespannt war. Die zum Teil hohen Steinbruchwände sollte man daher wegen der bestehenden Steinschlaggefahr nur aus gebührendem Abstand betrachten.

Der ehemalige Mineralreichtum hat den Fuchsbau weltweit bekannt gemacht. Bergkristalle, Rauchquarze, Topase, Orthoklase, Torbernite (Kupferuranglimmer) und andere Funde aus diesen Steinbrüchen zieren viele alte Sammlungen. Mineralogisch war der westlichste, der sogenannte Kastl-Bruch, besonders interessant. Unter den zahlreichen Pegmatitmineralien fanden sich in diesem Steinbruch, der bis Mitte der 1960er Jahre in Betrieb war, die wohl weltweit größten Goyazitkristalle. Seit 1984 ist das Mineraliensammeln an diesem Naturdenkmal untersagt, um der Nachwelt den Aufschluss im Zinngranit zu erhalten. Das Bayerische Landesamt für Umwelt führt den Fuchsbau unter Nr. 479A017 als überregional bedeutendes, wertvolles Geotop.

Abplatzungen, Verwitterung und Vergrusung zeigen sich in den Fuchsbau-Steinbrüchen.

Die Erzgänge und Ganggesteine des Fichtelgebirges

Uran: Die strahlende Hoffnung

Kurz nach dem Zweiten Weltkrieg war Uran für Deutschland auf dem Weltmarkt praktisch nicht verfügbar. Durch Zufall wurde bei der Prospektion auf Zinn am Rudolfstein südlich von Weißenstadt eine vielversprechende Uranvererzung entdeckt und unter strikter Geheimhaltung mit über 3 km Stollen aufgefahren. Dabei wurden bis 1954 ca. 70 t Roherz gefördert. Der Urangehalt im Erz war mit bis etwa 500 g Uran pro t beachtlich und die Grube galt als das ergiebigste Uranvorkommen der damaligen Bundesrepublik.

Doch die Gewinnung war kostenintensiv; zeitgenössischen Berichten zufolge kostete das im Fichtelgebirge gewonnene kg Uran etwa 800 DM, während in den USA Natururan zu einem Preis von weniger als 200 DM je kg gehandelt wurde. Schon 1957 musste der Bergbau wegen der sinkenden Weltmarktpreise und Aufhebung der Handelssanktionen für Uran gegenüber Deutschland als unrentabel aufgegeben werden. Letzte Versuche, mit einem neuartigen Lösungsverfahren das Uran direkt im Bergwerk aus dem Gestein herauszulösen, wurden 1968/69

unternommen. Doch auch diese Methode erwies sich als nicht wirtschaftlich.

Heute erinnert nur noch das verschlossene Stollenmundloch ca. 1 km nordnordöstlich des Rudolfsteingipfels an die Grube Werra und den einst hoffnungsvoll begonnenen Uranbergbau. Man erreicht das versteckt im Wald liegende Mundloch nur über Wanderwege, wobei das reichlich austretende Grubenwasser ein Bächlein bildet, das als Orientierung dienen kann. Ein anderer Weg führt von Leupoldshammer an den bereits beschriebenen Zinngräben vorbei und bietet mit seinen Pingen und Seifenhügeln am Nordhang des Rudolfsteins eine montanhistorisch interessante Wanderung.

Verschlossener Stolleneingang des Uranbergwerks am Rudolfstein.

Nadelige Uranophankistalle vom Rudolfstein; Bildbreite 0,5 cm.

Geologisch gesehen ist der anstehende Granit hier von geringmächtigen Greisengängen durchzogen. Dabei handelt es sich um ausgelaugte und mit Uran, Zinn, Arsen und Wolfram imprägnierte Granite. Eine thermisch bedingte Zirkulation von Wässern auf den Klüften führte zur Umlagerung der Metalle und zu einer reichhaltigen Sekundärmineral-Paragenese. Hauptsächlich bestand das Uranerz aus Torbernit und anderen, als Gelberz bezeichneten sekundären Uranmineralien. Uran ist im Fichtelgebirgsgranit keine Seltenheit, die bunten Uranglimmer Autunit und Torbernit konnten in fast allen Granitsteinbrüchen angetroffen werden. So überrascht es nicht, dass an zwei weiteren Stellen im Fichtelgebirge, nämlich am Fuchsbau bei Leupoldsdorf (Versuchsbergwerk mit 100 m Schacht nahe des Kastl-Bruchs) und bei Großschloppen nahe Kirchenlamitz (Bergwerk Christa) Erkundungsarbeiten stattfanden. Die von 1954–1988 auf weniger als ein Zehntel gesunkenen Weltmarktpreise für Uran machten jedoch die heimische Förderung rasch unrentabel.

Was ist mit dem gewonnenen Uran geschehen? Der größte Teil ging nach der Anreicherung in die Kernforschung. Für geringe Mengen des nicht angereicherten Urans aus dem Weißenstädter Bergwerk fand sich eine aus heutiger Sicht kuriose Verwendung: Das Uran wurde bei der Degussa im Werk Wolfgang bei Hanau in Uranstäbe gegossen, die in 3 mm dicke Schrötlinge zersägt und zu Münzrohlingen verarbeitet wurden. Mit doppelstrichigem Schriftbild wurde eine vertiefte Prägung in dem eigentlich wegen seiner Sprödigkeit ungeeigneten Uran vorgenommen. Da bei der ersten Münzprägung mit 52,3 mm Durchmesser nicht nur der Stempel, sondern sogar die Presse gelitten hatte, versuchte man es im zweiten Anlauf mit einem kleineren Format (40 mm Durchmesser). Etwa 60 Uranmünzen kamen aus dieser Produktion in Umlauf. Ein Exemplar davon befindet sich heute im Besitz der Stadt Weißenstadt.

Typischer Erzbrocken vom Rudolfstein mit Pechblende (dunkel) und verschiedenen gelben und grünen sekundären Uranmineralien; Bildbreite ca. 9 cm.

Sekundärmineral: durch Umwandlung, z. B. durch mineralreiche Wässer oder Verwitterung, entstandenes Mineral

Paragenese: Mineralvergesellschaftung

Goldkronach: Der Lockruf des Goldes

Der Beginn des Goldabbaus in Oberfranken lässt sich heute nicht mehr feststellen. Es ist jedoch zu vermuten, dass das Goldwaschen schon vor dem 10. Jahrhundert an den dortigen Fließgewässern wie dem Weißen Main, der Kronach und dem Zoppatenbach begann. Als die Goldwäscher dem Edelmetall flussaufwärts folgten, rückte die Goldgewinnung immer näher an das Grundgebirge heran, wo bald die ersten goldhaltigen Erzgänge entdeckt wurden.

Mitte des 14. Jahrhunderts fanden über 500 Bergleute im diesem Revier ihr Auskommen. Dies brachte Goldkronach im Jahr 1365 die Verleihung der Bergfreiheit nach dem Iglauer Bergrecht und die Stadtgerechtigkeit durch Friedrich V. Zu Beginn des 15. Jahrhunderts wurde das Goldkronacher Revier zum bedeutendsten Goldabbaugebiet Deutschlands, doch versetzten die Hussitenkriege von 1417–1437 dem Bergbau einen schweren Rückschlag, von dem er sich zwar langsam erholte, aber nie wieder seine frühere Blüte erreichte.

Im Jahr 1631 kam der Bergbau wegen des 30-jährigen Krieges (1618–1648) vollständig zum Erliegen und wurde erst

Gold im Quarz, Goldkronach; Bildbreite 0,5 cm.

1662 in bescheidenem Umfang wiederbelebt. Aufgrund der steigenden Ausbeute ließ der Markgraf von Bayreuth Christian Ernst im Jahr 1695 aus dort gewonnenem Gold einen Golddukaten prägen, den Aurofodina Goldcronacensis.

Im Jahr 1792 wurde Alexander von Humboldt vom preußischen Minister für Bergbau und Hüttenwesen, Freiherr von Heinitz, in die Anfang des Jahres an Preußen gefallene Markgrafschaft Bayreuth geschickt, um die Effizienz des dortigen Bergbaus zu steigern. Dort übernahm Humboldt unter anderem die Leitung des Bergamtes in Goldkronach, jedoch ohne den Goldbergbau nachhaltig beleben zu können.

Goldmünzen, geprägt aus Gold der Fürstenzeche bei Brandholz-Goldkronach.

Im Jahr 1920 wurde ein letzter Versuch unternommen, mit moderner Abbautechnologie Gold zu gewinnen. Doch als im Jahr 1925 das Bankhaus Wittmann in Stuttgart, welches das Bergbauunternehmen finanzierte, ins Trudeln geriet, stürzten die Fichtelgold AG-Aktien wegen der zu optimistischen Gewinnprognosen bis zur Wertlosigkeit ab und das Ende des Bergbaus war besiegelt. Ganz nachgelassen hat der Goldrausch im Fichtelgebirge bis heute nicht. Und so werden in Goldkronach jährlich im Juni/Juli die deutschen Meisterschaften im Goldwaschen ausgetragen.

Das Goldbergbaumuseum von Goldkronach

Um die geologische und bergbaugeschichtliche Vergangenheit des Goldkronacher Reviers kennenzulernen, sollte man zuerst das äußerst informative Bergbaumuseum in Goldkronach besuchen, das sich leicht an einer vor dem Gebäude aufgestellten Lore erkennen lässt. Eine Schautafel vor dem Museum vermittelt einen geographischen Überblick über die insgesamt 15 Goldkronacher Geopunkte, die themenbezogene Erläuterungen zu den jeweiligen Standorten bieten.
Im ersten Stock des Gebäudes kann man sich anhand vieler Exponate einen detaillierten Einblick in die Welt des Goldbergbaus verschaffen. Übersichtskarten zeigen, welchen Umfang der Bergbau im Raum Goldkronach – Brandholz ehemals hatte und welche geologischen Rahmenbedingungen zur Entstehung der Erzlagerstätten führten. Für den Bergbauinteressierten zeigen zahlreiche Grubenrisse den Aufbau der einzelnen Zechen und deren räumliche Erstreckung. Historische Abbautechniken und Verfahren zur Aufbereitung der gewonnenen Erze werden ebenso dargestellt wie die harte und gefährliche Arbeit unter Tage. Abgerundet wird diese Ausstellung durch eine sehenswerte Sammlung der Gesteine und Mineralien dieses Bergbaureviers.
Mit diesem Hintergrundwissen lassen sich auf gut ausgeschilderten und landschaftlich schönen Wanderrouten die Geologie und Bergbaugeschichte des jahrhundertelangen Goldbergbaus erkunden. Besonders attraktiv ist der Alexander-von-Humboldt-Weg mit seinen 40 Stationen.

Goldkronachs Unterwelt: Name Gottes-Stollen und Schmutzler-Stollen

Ein guter Ausgangspunkt für geologische Exkursionen ist das Informationshaus auf dem Goldberg, das von Mai bis Oktober an Sonn- und Feiertagen geöffnet ist. Dass Führungen in die Stollen im Winter nicht möglich sind, ist dem Fledermausschutz geschuldet. Anhand von Informationstafeln und eines Einführungsfilms werden hier die Goldlagerstätte und die Bergbaugeschichte anschaulich erläutert. Hier beginnen auch die Führungen in die beiden einzigen begehbaren Goldbergwerke Deutschlands: der Mittlere Tagesstollen des Name Gottes-Bergwerks und der kleinere Schmutzler-Stollen.

Kontakt und Info Schaubergwerke, Goldbergbaumuseum und Humboldtweg *s. Kap. "Nützliches und Informatives"*

Das Informationsgebäude erreicht man vom Goldkronacher Ortszentrum aus, wenn man der Bayreuther Straße, die dann

Mundloch des Name Gottes-Stollens.

fließend in die Bernecker Straße übergeht, nach Norden in Richtung Bad Berneck folgt. Etwa am Ortsende biegt rechts eine kleine Straße in Richtung Brandholz ab, der man ca. 1 km bis zu einer Straßengabelung folgt. An der „Goldenen Aussicht", wo sich das Sträßchen gabelt, lohnt sich ein kurzer Halt. Von dort reicht ein herrlicher Rundblick im Westen bis weit in den Fränkischen Jura, während im Osten der Ochsenkopf mit seiner unverwechselbaren Silhouette zum Greifen nahe scheint. An der Goldenen Aussicht folgt man in südöstlicher Richtung einem Sträßchen, das direkt zum Parkplatz am Informationshaus führt.

Der spektakulärste Teil einer Exkursion nach Goldkronach ist sicherlich die geführte Einfahrt in das Schaubergwerk Mittlerer Name Gottes. Dieser begehbare Teil des ehemals viel umfangreicheren Grubenkomplexes folgt einem NE–SW-streichenden goldführenden Quarzgang. Nach dem Besuch dieses Bergwerks sollte man nicht versäumen, das nach einem etwa 10-minütigen Spaziergang zu erreichende Schaubergwerk Schmutzler zu besuchen. Am Wegesrand lassen sich überall Spuren des Bergbaus wie Pingen, Halden und Schürfgräben erkennen. Dabei gewinnt man den Eindruck, als hätten unsere Altvorderen keinen Quadratmeter auf der Suche nach dem begehrten Gold ausgelassen. In einer kleinen Hütte vor dem Schmutzler-Stollen kann man sich Helm, Regenjacke und natürlich eine Taschenlampe ausleihen und zusammen mit einem fachkundigen Bergwerksführer einfahren.

Der heute begehbare, etwa 200 m in den Berg führende Stollen ist das Südende eines ehemals viel größeren Bergwerks, das dem über 1 000 m langen Hauptgang nachgeht, der bis in das Ortszentrum von Brandholz reicht. Der Bergbau folgte hier einem N–S-verlaufenden und mit 70–75° nach Osten einfallenden erzhaltigen Quarzband, das im Durchschnitt etwa 70 cm mächtig war. Wegen der Härte des Gesteins wurde nicht mehr Nebengestein abgebaut, als unbedingt notwendig war, denn die Bergleute wurden nach Ertrag bezahlt und hatten keinen festen Stundenlohn. Deshalb geht es heute im Stollen recht eng zu. Manchmal kann man hier aber Weitungen des Stollens in die Breite erkennen, die sich damit erklären lassen, dass sich der Gang ab und zu linsenförmig auftat.

Quarzgang im historischen Goldbergwerk Name Gottes; Bildbreite 0,5 m.

Was die Bergleute bei ihrer Arbeit immer wieder vor Probleme stellte war die Tatsache, dass der goldhaltige Quarzgang an Verwerfungen ganz unvermutet nach Westen versetzt wurde. Von einer Schicht zur anderen konnten sie daher plötzlich vor einer Wand aus taubem Gestein stehen. Wie hart die Arbeit gewesen sein muss, zeigt sich an den zahllosen Schrammen im Gestein, die vom Stollenvortrieb mit Schlägel und Eisen herrühren, die noch heute das Symbol des Bergbaus sind. Häufig lag der Vortrieb bei nur 1 cm pro Tag, da im Mittelalter noch nicht mit Sprengstoff gearbeitet wurde und alles mit Muskelkraft bewerkstelligt werden musste.

Doch wie kam das Gold in den Berg? Früher wurde die Entstehung der Golderzgänge mit der verstärkten Bildung von Fluiden im Zuge der Aufheizung der Nebengesteine durch die Intrusion der Fichtelgebirgsgranite während der Spätphase der Variszischen Gebirgsbildung im Karbon in Verbindung gebracht. Bei dieser Theorie muss man sich die Frage stellen, warum es gerade hier im Raum Goldkronach zur Bildung einer primären Golderzlagerstätte kam und nicht auch in anderen, geologisch ähnlich aufgebauten Gesteinskomplexen des Fichtelgebirges. Die heute gängige Deutung geht davon aus, dass sich im Kambrium (vor 495–530 Mio. Jahren) heute als Phyllit vorliegende Sedimentgesteine mit einem geringen Gehalt an Seifengold ablagerten, welches sich in den Nebengesteinen der Golderzgänge immer noch nachweisen lässt. Geologen führen die Anreicherung des ursprünglich sedimentären Goldes in den Quarzgängen auf eine mehrphasige Mobilisation des Goldes in Form von Kieselsäure-Erz-Fluiden und anschließender Ausfällung von Quarz und gediegenem Gold in tektonisch gebildeten Störungen zurück.

Fluide: Überbegriff für Flüssigkeiten und Gase

Kieselsäure: H_4SiO_4

Betrachtet man das Streichen der goldhaltigen Gänge, so stellt man fest, dass diese in N–S- und NE–SW-Richtung verlaufen. Die Gangbildung steht mit der postvariszischen Tektonik in Zusammenhang, die zum Aufreißen von Scherklüften führte, in denen Quarz und Erze mineralisierten. Wann das genau passierte, ist bisher nicht bekannt, doch liegt die Vermutung nahe, dass der Vorgang an tektonische Aktivitäten an der Fränkischen Linie im langen Zeitraum zwischen dem Perm (vor 248–290 Mio. Jahren) und der oberen Kreide (vor 65–99 Mio. Jahren) geknüpft ist.

Fränkische Linie
s. Grafiken Seite 16 und 17

Nach IRBER (1992) spielten vor allem die lokalen geologischen Verhältnisse eine entscheidende Rolle. Das Goldkronacher Revier liegt nämlich eingekeilt zwischen zwei großen Verwerfungen: der NW–SE-verlaufenden Fränkischen Linie als der regional dominanten Störungslinie und der kleineren, etwa W–E-streichenden Bernecker Störung. Tektonische Bewegungen entlang dieser beiden Störungen quetschten den dazwischenliegenden Gesteinskomplex wie in einem Schraubstock ein. Da das starre metamorphe Gestein auf diesen enormen tektonischen Druck nicht wie ein Sedimentgestein mit Verfaltung reagieren konnte, führte dies zu weiteren Brüchen und zur Bildung der goldhaltigen Quarzgänge.

Die hohen Goldgehalte im Goldkronacher Revier lassen sich aber mit den Konzentrationsprozessen aus der hydrothermalen Phase allein nicht erklären. Hier kommt ein weiterer Anreicherungsprozess zum Tragen, der mit dem feuchten und heißen Klima des Tertiärs in Zusammenhang steht. Derartige Klimaverhältnisse begünstigten einerseits die Entstehung einer üppigen Vegetation und somit die Produktion organischer Säuren an der Erdoberfläche, andererseits wurde dadurch eine tiefgründige Verwitterung begünstigt. Auch die zu dieser Zeit schon existenten goldhaltigen Erzgänge fielen damals der Verwitterung zum Opfer, wobei sich das Gold ebenso wie andere Metalle mit dem versickernden Regenwasser aus der sogenannten Oxidationszone nahe der Oberfläche in tiefere Bereiche, in die Zementationszone verlagerte. Dort reicherten sich die in die Tiefe transportierten Metalle in Reicherzzonen beziehungsweise in Reicherzlinsen wieder an. Mit dem Klimawechsel vom Tertiär zum Quartär veränderten sich die Verwitterungs- und Abtragungsmechanismen von einer tiefgründigen flächenhaften Verwitterung hin zu einer linearen Eintiefung und Ausräumung der tertiärzeitlichen Verwitterungsmassen durch Flüsse und Bäche. So gelangten im Laufe des Quartärs erzreiche Lagerstättenteile an die Erdoberfläche, die von den damaligen Goldsuchern rasch entdeckt wurden. Der Bergbau konnte in der Anfangszeit also direkt im Reicherz ansetzen und blühte folglich rasch auf.

Von den vielen Gängen sind jedoch nur etwa ein Dutzend erzführend, wobei die Goldgehalte der guten Erzgänge im Durchschnitt bei 4 g pro t lagen. Neben dem Gold treten aber auch Vererzungen mit Antimon, Blei, Zinn, Wolfram und Eisen auf. Von Bedeutung war aber nur das Antimon, das im Bergwerk Silberne Rose abgebaut wurde, von dem heute nur noch bescheidene Haldenreste zeugen.

Gleißinger Fels: Silbereisenerz ohne Silber

Zwischen Mehlmeisel und Fichtelberg im östlichen Landkreis Bayreuth wird der Westrand der Fichtelgebirgsgranite auf mehreren Kilometern Länge von hydrothermalen Quarzgängen begleitet. Diese streichen in Richtung NW–SE und fallen mit ca. 70° steil nach Südwesten ein. In einigen Abschnitten enthalten diese Quarzgänge über kurze Strecken abbauwürdige Mengen des Minerals Hämatit (Rot- oder Bluteisenstein), der meist als schuppige Eisenglimmermassen oder in größeren Erzlinsen auftritt. Dieses Eisenerz wird wegen seiner silbrigen Farbe gerne, aber irreführend, als Silbereisenerz bezeichnet. Silber ist darin nämlich nicht enthalten. Das bekannteste Vorkommen hämatithaltiger Quarzgänge im Fichtelgebirge ist der Gangzug am Gleißinger Fels nahe der Ortschaft Fichtelberg. Insgesamt wurden hier 18 Gangtrümer auf mehreren Hundert Metern Länge bis zu einer Tiefe von mehr als 50 m abgebaut. Die Mächtigkeiten der erzführenden Gänge erreichten dabei manchmal mehr als 10 m. Diese beeindruckende Breite täuscht jedoch darüber hinweg, dass die höchsten Konzentrationen in der Regel in Gängen unter 1 m Mächtigkeit auftraten.

Trum: geringmächtiger Gang

Quarzkristall mit Hämatit ("Silbereisen") von Fichtelberg; Bildbreite ca. 1 cm.

Hämatitgang im Quarz.

Proterobas am Ochsenkopf *s. Seite 87*

Genetisch sind diese Erzvorkommen an einen am Ochsenkopf NW – SE-streichenden Proterobasgang gekoppelt (SALAMAT-BAKHCH 1975). Erklären lässt sich die Vererzung der Quarzgänge durch Remobilisierung des Eisens aus den metamorphen Rahmengesteinen des Kerngranits und der anschließenden Eisenabscheidung in den Störungszonen (STETTNER 1958). Heute ist das hier gelegene Schaubergwerk das weltweit einzige begehbare Silbereisenbergwerk.

Kontakt Silbereisenbergwerk Gleißinger Fels *s. Seite 101*

Um zum historischen Silbereisenbergwerk Gleißinger Fels zu gelangen, verlässt man die A 9 Nürnberg – Berlin an der Abfahrt Bad Berneck und folgt der B 303 in östlicher Richtung. Von der sogenannten Fichtelgebirgsstraße biegt man rechts auf die Staatsstraße St 2981 in Richtung Fichtelberg ab. Ab dem Ortszentrum von Fichtelberg, von wo aus der Weg ausgeschildert ist, biegt man in Richtung des Ortsteils Neubau ab und fährt von Neubau in Richtung Fleckl. Ca. 600 m westlich von Neubau liegt das Besucherbergwerk südlich der Straße, an der für die Besucher Parkplätze zur Verfügung stehen.

Etwa 1,2 km nordwestlich des Parkplatzes am Gleißinger Fels wurden im Sommer 2004 im Rahmen einer Forschungsgrabung die Reste einer Waldglashütte freigelegt. Die archäologischen Funde erbrachten eine Vielzahl wissenschaftlicher Erkenntnisse und bieten einen Einblick in die damalige Produktvielfalt. Tafeln vor Ort informieren über die Ausgrabungen. Ein Teil der mehr als 100 000 geborgenen Einzelobjekte ist im Industrie- und Glasmuseum in Fichtelberg ausgestellt.

Der **Eisenerzbergbau** ist für das Fichtelgebirge von ganz besonderer historischer Bedeutung. In einer Urkunde aus dem Jahr 1317 wird erstmals ein Bergwerk am "Vythenberg" (der heutige Ochsenkopf) genannt. Vermutlich entwickelte sich aus dem Namen des St. Veit später das Wort "Fichtel". Die erste bekannte urkundliche Erwähnung des Ortes "Viechtlperg" stammt aus dem Jahre 1508. Im Laufe der Jahrhunderte dehnte sich die Bezeichnung "Fichtelberg" auf das gesamte Gebiet des heutigen Fichtelgebirges aus.

Mit dem seit 1602 durch die Gewerkschaft "Erzgrube Gottesgab im Gleißinger Fels am Fichtelberg" betriebenen Erzabbau ist die Geschichte der Gemeinde Fichtelberg eng verknüpft. Die Voraussetzungen für den Eisenabbau waren dort ausgesprochen günstig, denn die Eisenerzgänge strichen direkt an der Erdoberfläche aus und konnten anfänglich im Tagebau gewonnen werden. Außerdem war das für die Verhüttung, die Schmieden, Hämmer und Gießereien erforderliche Holz in den ausgedehnten Wäldern im Überfluss vorhanden.

Das galt anfangs auch für das Wasser, das für den Betrieb der Wasserräder benötigt wurde. Später wurden am Ochsenkopf kurzerhand die Quellflüsse des Weißen Mains und der Steinach umgeleitet. Wegen der Bedeutsamkeit des Bergwerks wurde in Fichtelberg in der Mitte des 18. Jahrhunderts sogar ein kurfürstliches Bergamt eingerichtet, wo auch Alexander von Humboldt als junger preußischer Beamter Dienst tat. Im Jahr 1859 wurde der Eisenerzbergbau wegen der starken Konkurrenz durch die weitaus größeren in- und ausländischen Lagerstätten aufgegeben und das Bergamt im Jahr 1862 geschlossen.

Rotenfels im Flötzbachtal

Im tief eingeschnittenen Flötzbachtal zwischen den Hochebenen rund um Kreuzstein, Platte, Gänskopf und Scheibenberg liegt eine der geologischen Besonderheiten des Fichtelgebirges: der Rotenfels. Das Flötzbachtal mit seinem schon fast alpinen Charakter öffnet sich an der Fränkischen Linie vom Grundgebirge her nach Südwesten in Richtung des angrenzenden Deckgebirges im Kemnather Land.

Am einfachsten erreicht man den Rotenfels von der zwischen Immenreuth und Kirchenpingarten gelegenen Ortschaft Ahornberg. Durch den Ort fährt man in nördlicher Richtung durch den Wald bis zu einem Sperrschild, wo eine Parkmöglichkeit besteht. Schon bei der Anfahrt sieht man Hinweisschilder mit der Aufschrift "Flötztalweg" und "Jägersteig" (Rundwanderwege Nr. 3 und 4). Folgt man diesem stetig bergauf führenden Weg, erreicht man nach etwa 3 km die eindrucksvolle Felswand des Rotenfels, die durch ihre rötliche Färbung auffällt.

Der Rotenfels verdankt seinen Namen der intensiven rötlichen Färbung, die durch fein im Gestein verteiltes Eisenerz

Das Gestein am Rotenfels macht dem Namen alle Ehre.

(Hämatit) hervorgerufen wird. An einigen Stellen ist das Erz so stark konzentriert, dass es derbe Erzmassen bildet und deshalb abbauwürdig war. Der kurfürstliche Bergrat Mathias von Flurl schreibt in seiner 1792 erschienenen "Beschreibung der Gebirge von Baiern und der oberen Pfalz" über den Rotenfels: "Am Fuße dieser erhabenen Felsenwand ist eine ziemlich geräumige Höhle nicht von der Natur, sondern von Erzgräbern, die diesen Ort zuweilen besuchen, in selbe hineingetrieben..." Die heute so auffällige Form des Felsens ist daher nicht natürlichen Ursprungs, sondern das Ergebnis bergbaulicher Aktivitäten. Scheut man den Anstieg zum Felsen nicht, erkennt man noch heute das "Höhlentor" durch den Felsen, wo früher der Eingang zu einem Stollen gelegen war. Der heute verschüttete Zugang findet sich im nördlichen Teil der Höhle.

Die erste bekannte urkundliche Erwähnung findet das Bergwerk am Rotenfels im Jahr 1507, weil dort 38 Wunsiedeler Bürger Bergbau betrieben haben sollen. Da es 1604 vom Berg- und Hüttenwerk Gottesgab am Fichtelberg übernommen wurde, liegt die Vermutung nahe, dass seine Blütezeit in das 17. Jahrhundert zu datieren ist. Die Verhüttung des gewonnenen Eisenerzes erfolgte im benachbarten Tal der Warmen Steinach zwischen Weidenberg und Fichtelberg, von wo mehrere Eisenerzgruben bekannt sind. Wie lange das Bergwerk bestand, ist bis heute unbekannt.

Geologisch gehört der Rotenfels zu einem Zug von Eisenerzvorkommen, der sich entlang der Fränkischen Linie von Kulmain in der Oberpfalz über Warmensteinach, Goldkronach, Kupferberg und weiter bis nach Thüringen erstreckt. Durch die tektonischen Bewegungen an der Fränkischen Linie wurden die dortigen Gesteine zerbrochen und weit in die Tiefe reichende Spalten öffneten sich. In diese drangen vermutlich während der Oberkreide (vor 65 – 99 Mio. Jahren) quarz- und teilweise erzhaltige Lösungen ein und kristallisierten dort aus. Da sich die Bewegungen an der Fränkischen Linie mehrfach wiederholten, wurden die Spaltenfüllungen oftmals zerbrochen, was sich in einem nur schwer durchschaubaren Kluftsystem widerspiegelt.

Das Eisenerz stammt ursprünglich aus dem Nebengestein. Dies sind ordovizische Phyllite, Schiefer und Quarzite, die einen hohen Anteil des Eisenoxids Magnetit (Fe_3O_4) aufweisen. Durch heiße Lösungen wurde das Erz "ausgelaugt" und in die offenen Spalten transportiert, um dort vor allem als Hämatit (α-Fe_2O_3) zu kristallisieren. So sind heute noch Roter Glaskopf und kleine Hämatitkristalle in den Quarzgängen zu finden. Daneben tritt das Eisenerz als Goethit (α-FeOOH) auf. Teilweise sind die Eisenerze auch in kleine Bergkristalle eingelagert, die ihnen eine rötliche Farbe verleihen und als Eisenkiesel bezeichnet werden. Sehr selten bilden die Eisenkiesel hier bis 3 mm große Doppelender.

Doppelender: beidseitig Endflächen zeigender Kristall; häufig bei Bergkristallen zu beobachten

Überall im Umfeld des Rotenfels finden sich rundliche Vertiefungen, oft mit seitlichen Anhäufungen des nach oben geschaufelten Gesteins. Bei diesen Bergbauspuren handelt es sich um Pingen. Es sind hier keine Stolleneinbrüche, sondern Suchpingen, mit denen erzführende Quarzgänge erkundet werden sollten. Einige von ihnen stellen Versuche dar, die Erzvorkommen von der Oberfläche her abzubauen. Die Pinge zwischen den beiden Felsgruppen am Rotenfels stellt möglicherweise einen verfallenen Schachteingang dar.

Proterobas-Steinbrüche am Ochsenkopf

Am Ende der Variszischen Gebirgsbildung in der Wendezeit vom Oberkarbon zum Perm drang in den schon erkalteten Granit des Fichtelgebirges in Dehnungsspalten ein basisches Ganggestein ein, für das von C.W. von Gümbel im Jahr 1874 der Begriff Proterobas eingeführt wurde. Es ist ein mittelkörniges Gestein von dunkelgrüner bis schwarzgrüner Farbe, das jünger ist als der umgebende Granit. Der Mineralgehalt mit überwiegend Plagioklas, Pyroxen und Hornblende verrät die magmatische Herkunft und verleiht dem Gestein seine dunkle Färbung.

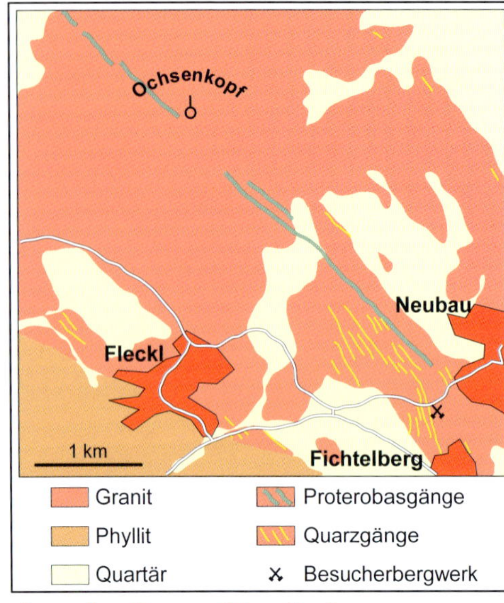

Proterobasgänge am Ochsenkopf.

Der Proterobas ist in die Gruppe der Metabasalte einzuordnen und tritt als ein von Nordwesten nach Südosten streichender, maximal 20 m breiter und ungefähr 8 km langer Gang am Ochsenkopf zwischen Mehlmeisel und Bischofsgrün auf. Dieser Proterobasgang wurde in vielen Steinbrüchen als gefragter Naturstein abgebaut. Diese haben wegen des steilen Einfallens des Ganges einen schluchtartigen Charakter. Eindrucksvoll sind die langgezogenen Steinbrüche ca. 350 m nordwestlich des Ochsenkopfgipfels. Am einfachsten sind sie von Bischofsgrün über die Ochsenkopfstraße in einer 20-minütigen Wanderung zu erreichen. Alternativ kann man vom Parkplatz des Besucherbergwerks Gleißinger Fels bei Fichtelberg-Neubau in Richtung Ochsenkopf wandern. Rechts des Weges zeichnen tiefe Geländeeinschnitte die ehemaligen Proterobas-Steinbrüche nach.

Metabasalt: metamorpher Basalt

Proterobas.

Dieser Naturwerkstein wurde unter der Handelsbezeichnung Grüner Porphyr für Skulpturen, Verkleidungen, Grabsteine, aber auch als Pflasterstein oder zur Herstellung technischer Produkte (Walzen, Säurebehälter) verwendet. Da er gegen Frost und andere Umwelteinflüsse extrem beständig sowie poliert sehr haltbar ist, war die

Nachfrage früher entsprechend groß. Insgesamt sind am Ochsenkopf 24 Steinbrüche auf Proterobas bekannt. Wegen der weitgehenden Erschöpfung der Lagerstätte und ihrer Lage im Landschaftsschutzgebiet Fichtelgebirge findet heute kein Abbau mehr statt.

Eine sehr spezielle Nutzung war die Herstellung „Schwarzen Glases" durch Schmelzen des Proterobases in einer Waldglashütte in der Waldflur Wolfslohe am Ochsenkopf. Die Herstellung von Glasknöpfen und Glasperlen, sogenannte Paterl, lässt sich im Fichtelgebirge anhand historischer Quellen schon für das 15. Jahrhundert nachweisen.

Proterobas-Steinbruch am SE-Hang des Ochsenkopfes.

Die Feuerberge des Fichtelgebirges

Waldglashütte *s. auch Seite 84*

Ab dem oberen Karbon vor ca. 290 Mio. Jahren war das Fichtelgebirge Festland, sodass bis zum Tertiär Verwitterung und Abtragung die landschaftsprägenden Prozesse waren. Welchen Verlauf nahm die postvariszische Geschichte des Fichtelgebirges? Warum sehen wir heute noch ein Mittelgebirge mit Gipfeln von Höhen über 1000 m ü. NN vor uns? Müsste das Fichtelgebirge nicht längst eingeebnet sein? Das dem nicht so ist liegt einerseits an tektonischen Hebungsprozessen in postvariszischer Zeit, und andererseits an der Entstehung des Eger-Rifts, das für das Fichtelgebirge eine entscheidende Rolle bei der weiteren Höhenentwicklung spielte. Die Hebung entlang der von Nordosten nach Südwesten verlaufenden Riftachse bewirkte ab der Zeit Oberkreide/Alttertiär vor etwa 65 Mio. Jahren eine verstärkte Ausräumung entlang geologisch vorgezeichneter Strukturen und die Herauspräparierung der verwitterungsbeständigeren Granitkuppen im Tertiär. Und zum ersten Mal seit 300 Mio. Jahren kam es mit dem Einbruch des Egergrabens zu starken vulkanischen Aktivitäten, mit denen wir uns nun näher beschäftigen wollen.

Die Säulen von Thierstein

Weithin sichtbar liegt östlich der A 93 der über 650 Jahre alte Bergfried der Burg Thierstein. Dort kann man eines der am einfachsten zu erreichenden, gut aufgeschlossenen Basaltvorkommen im Fichtelgebirge unmittelbar am Sportplatz des Marktes Thierstein besichtigen. Dieses Geotop ist leicht zu finden, wenn man die A 93 Regensburg – Hof an der Ausfahrt Thierstein verlässt und auf der Hauptstraße in östliche Richtung fährt. Nach ca. 300 m biegt man rechts zum ausgeschilderten Sportplatz ab, wo auch Parkmöglichkeiten bestehen.

Große Teile des Marktes Thierstein stehen auf Basalt, wobei der Burgberg über die Selb-Wunsiedeler-Hochfläche herausragt. Vom Granit eingerahmt werden genauer betrachtet zwei separate Basaltdurchbrüche: der zentrale Schloßberg und der südwestliche Ortsbereich am Thiersteiner Sportplatz. Etwa 1 km nordöstlich der Burgruine rundet ein weiterer Basaltdurchbruch, der wenig spektakuläre Lärchenbühl, dieses Geotopensemble ab. Geologisches Highlight ist jedoch der gut erreichbare Basaltaufschluss in unmittelbarer Nähe des örtlichen Sportplatzes. Dabei handelt es sich um eine angeschnittene Basaltdecke. Hier sind steil stehende, etwa 5 m hohe Basaltsäulen in einer 80 m langen Wand des ehemaligen Steinbruchs zu sehen.

Basaltsäulen am Sportplatz in Thierstein.

Olivin im Basalt, Baustein im Turm der Burg Thierstein; Bildbreite ca. 23 cm.

Das Basaltvorkommen bei Thierstein gehört zu den „Feuerbergen" des Egergrabens. Dort führte die Auffaltung der Alpen im Tertiär auch in Nordostbayern zu kräftigen Krustenbewegungen. Mit der Absenkung des zentralen Bereichs des Egergrabens setzte ein intensiver Vulkanismus ein, der zwar schon in der Oberkreide vor etwa 70 Mio. Jahren im Böhmischen Mittelgebirge seinen Anfang nahm, aber erst im Tertiär vor etwa 30 Mio. Jahren mit dem Ausbruch des Duppauer Vulkans seinen Höhepunkt erreichte. Die bis tief in die Asthenosphäre reichenden Grabenbrüche bildeten Aufstiegsbahnen für glühend heiße Magmen. Die Vulkane des Fichtelgebirges sind mit Altern zwischen 20 und 26 Mio. Jahren etwas jünger als das Duppauer Gebirge.

Basalte entstehen in vulkanisch aktiven Zonen, wenn dünnflüssiges, kieselsäurearmes Magma an die Erdoberfläche dringt. Es sind meist schwarze bis blaugraue, feinkörnige Gesteine, die durch ihr hohes Gewicht auffallen. Was vereinfachend als Basalt bezeichnet wird, ist in Wirklichkeit eine Gesteinsgruppe. Dahinter verbirgt sich die vulkanische Gruppe der Basaltoide, die durch die Mineralien Plagioklas und Augit als Hauptbestandteile charakterisiert sind. Chemisch sind es basische Gesteine mit einem SiO_2-Gehalt von etwa 45 – 52 %, die reich an CaO und MgO und üblicherweise arm an Alkalien wie Na_2O oder K_2O sind. Häufig findet man im Basalt als Mitbringsel aus dem oberen Erdmantel den grünen Olivin, der an der Erdoberfläche jedoch nicht sehr verwitterungsresistent ist.

Basaltsäulenbildung

Typisch für den Basalt ist seine Säulenbildung, wie sie am Sportplatz in Thierstein oder am Schloßberg bei Neuhaus an der Eger aus nächster Nähe schön zu sehen sind. Ursache für die Bildung dieser im Volksmund oft als Orgelpfeifen bezeichneten Säulen ist der Umstand, dass die Abkühlung der glutflüssigen Lava und die damit verbundene Volumenänderung zu Spannungen führen. Werden diese zu groß, reißt das noch

Burg Thierstein

Neben dem Besuch des Aufschlusses am Sportplatz sollte man eine Besichtigung der historischen Burganlage nicht versäumen. Im Jahr 1343 belehnte Kaiser Ludwig der Bayer Albrecht XI. Nothaft, der sich bereits 1340 in einer Urkunde Albrecht der Nothaft von Tirstein genannt hatte. Albrecht XI. errichtete daraufhin die Burg inmitten des von ihm verwalteten Reichsforstes "auf des Reiches Berg und Boden". Der hohe Bergfried bietet dem Besucher einen weiten Blick über das Sechsämterland und auf die Kulisse des Fichtelgebirges im Westen sowie in das Egerland im Osten.
Dass schroffe Berge und alte Burgen die Fantasie der Bevölkerung beflügelt haben, zeigt eine Sage, die sich um die Burg Thierstein rankt. Danach soll die Feste unterirdisch durch einen Gang mit dem Erkersreuther Ritterschloss (nordöstlich Selb) verbunden gewesen sein. Obwohl die technischen Möglichkeiten für einen ca. 10 km langen Stollen zu dieser Zeit mit Sicherheit nicht gegeben waren, steckt wohl auch in dieser Sage ein Fünkchen Wahrheit, denn im Erkersreuther Schloss existiert tatsächlich eine große Kelleranlage.

zähflüssige Material auf und es entstehen Schrumpfungsrisse. Diese verlaufen stets senkrecht zu den Abkühlungsflächen. Der Durchmesser der Säulen kann zwischen 10 und 100 cm variieren. Wäre die Lava chemisch homogen, entstünden 6-eckige Säulen mit Innenwinkeln von 120°. Basaltische Laven haben aber in der Regel keine völlig einheitliche Zusammensetzung und kühlen auch nicht unter klar definierten Laborbedingungen ab, sodass die Säulen oft 5- bis 7-eckig sind.

Ein genauerer Blick auf den Basalt von Thierstein zeigt vielfach Hohlräume, die auf jüngste Verwitterungsprozesse zurückzuführen sind. Der Basalt enthält hier zahlreiche Xenolithe in Form von haselnuss- bis faustgroßen Olivineinschlüssen. Dieses im frischen Zustand olivgrüne Mineral verwittert binnen weniger Jahre zu einem gelblichen Mulm, der rasch vom Regen ausgewaschen wird. Die verbleibenden Hohlräume leisten wiederum der Verwitterung durch Frost- und Wurzelsprengung Vorschub.

Der Aufschluss am Sportplatz von Thierstein ist im bayerischen Geotopkataster unter der Nr. 479A018 erfasst.

Steinbruch am Schloßberg bei Neuhaus an der Eger

Neuhaus a. d. Eger ist ein Ortsteil der Stadt Hohenberg a. d. Eger im östlichen Landkreis Wunsiedel i. Fichtelgebirge, den man über die Ausfahrt Thiersheim der A 93 Regensburg – Hof erreicht. Man folgt der Staatsstraße St 2180 und biegt bei Kothigenbiebersbach links in Richtung Neuhaus a. d. Eger ab. Der

Basaltwand mit gebogenen Säulen im alten Steinbruch von Neuhaus a. d. Eger.

Schloßberg mit einer Höhe von 587 m ü. NN, an dessen Ostseite früher Basalt abgebaut wurde, liegt nordwestlich des Ortes. Man erreicht das Geotop, indem man von Neuhaus a. d. Eger der Thiersteiner Straße ca. 500 m in westlicher Richtung folgt. An der Stelle, wo die Straße nach Südwesten abknickt, führt ein kleiner Fußweg nach Norden auf und um den Schloßberg.

Seinen Namen hat der Schloßberg von einer Burg in Rechteckform, die aus Basaltbruchstücken und Granitquadern erbaut wurde. Bereits unter Kaiser Karl IV. (1347 – 1378) wurde der Plan zu deren Bau zur Sicherung der außerböhmischen Besitzungen und zur Verhinderung eines Vordringens der Nürnberger Burggrafen gefasst. Doch schon im Jahr 1412 zerstörten Egerer Bürger und Söldner die Burg, weil sich die Besitzer zu ständigen Gesetzlosigkeiten hinreißen ließen. Von der ehemaligen Burganlage sind heute nur noch wenige Mauerreste zu erkennen.

Der Aufschluss im ehemaligen Steinbruch am Schloßberg mit seinen bis zu 40 cm starken Basaltsäulen ist einer der schönsten Basaltaufschlüsse im Fichtelgebirge. Geologisch ist dieser Aufschluss, wie alle anderen Basaltvorkommen des Fichtelgebirges und der Oberpfalz, dem Vulkansystem des Egergrabens zuzurechnen. Was ihn auszeichnet, ist die Besonderheit, dass er allseitig von Granit umgeben ist. Der ringförmige Wanderweg um den Berg zeigt den Übergang vom nährstoffarmen Granit zum nährstoffreichen Basalt durch den auffälligen Wechsel in der Dichte der Vegetation und durch Lesesteine am Wegesrand besonders deutlich.

Olivin-Xenolithe verwittern schnell und hinterlassen Löcher im Basalt.

Die durch den Gesteinsabbau aufgeschlossenen, meilerförmig ausgebildeten Basaltsäulen stellen den Schlot eines ehemaligen Vulkans dar, in dem basaltisches Magma aus dem oberen Erdmantel nach oben drang. Auf dem 80 km langen Weg zur Erdoberfläche wurden aus der Mobilisierungsregion des Magmas nicht aufgeschmolzene spinellperidotitische Xenolithe mit nach oben geschleppt, die bei genauer Betrachtung im erkalteten Basalt auch zu finden sind.

Peridotit: ultrabasisches Gestein mit mehr als 40 % Olivin

Auffälliger sind jedoch die bis einige cm großen, grünen, teilweise auch bräunlichen Olivineinschlüsse, die an der Erdoberfläche jedoch sehr verwitterungsanfällig sind und rasch zu bräunlichen bis gelbgrünen erdigen Massen zerfallen. Da diese durch Regen und an den Basaltwänden abfließende Wässer rasch ausgewaschen werden, bleiben im verwitterungsresistenten Basalt häufig kleine Hohlräume zurück, die dem Gestein ein löchriges Aussehen verleihen.

Betrachtet man sich die Basaltsäulen genauer, so zeigt sich, dass diese einen von unten nach oben abnehmenden Durchmesser aufweisen. Dieses Phänomen lässt sich darauf zurückführen, dass die Abkühlung des Magmas im oberen Bereich des Schlotes rascher ablief als im unteren. Auf diese Weise lässt sich auch die meilerförmige Anordnung der Basaltsäulen erklären. Im Geotopkataster des Bayerischen Landesamtes für Umwelt ist dieses Geotop unter Nr. 479A005 erfasst.

Wappenstein und Silberrangen

Etwa 4 km südöstlich von Marktredwitz liegt mit dem Silberrangen ein miozänes Vulkanrelikt vor, das sich von den nahen Basaltvorkommen wie dem Teichelberg oder dem Thierstein deutlich unterscheidet. Der Silberrangen besteht aus einem basaltischen, tuffähnlichen Gestein, in dem stellenweise in großer Zahl bis ca. 6 cm große verrundete Augitkristalle eingebettet sind. Es handelt sich bei diesen Augiten um Xenolithe, also um Mitbringsel aus großer Tiefe. Die Menge und Größe dieser Augite ist von anderen Vorkommen des Fichtelgebirges und der nördlichen Oberpfalz nicht bekannt.

Tuff: aus vulkanischen Auswurfmassen wie Aschen oder Schlacken bestehende Ablagerungen

Man erreicht das Geotop von der Ortschaft Groschlattengrün aus in nördlicher Richtung. Zunächst folgt man der Straße und unterquert die A 93. Nach weiteren ca. 400 m knickt die Straße nach links ab. Hier beginnt der bewaldete Südhang des Silberrangens, wobei die nicht sehr spektakuläre Basaltfelsgruppe des Wappensteins weitere 500 m nordwestlich im Wald versteckt liegt.

Bis etwa 1930 wurde das Gestein am Silberrangen abgebaut, doch leider sind die Steinbrüche heute überwachsen und teilweise verfüllt. Die Entstehungsgeschichte dieses weichen Gesteins ist noch nicht restlos geklärt. Mit großer Wahrscheinlichkeit handelt es sich um einen Ignimbrit. Mit diesem geologischen Kunstwort (lateinisch: ignis - Feuer, imber - Regen) wird ein Gestein bezeichnet, das aus den Ablagerungen eines verschweißten pyroklastischen Dichtestroms (Schmelztuff) entstand.

Ignimbrit *s. Kasten Seite 96*

Asche: vulkanisches Auswurfmaterial < 2 mm Durchmesser

Der mit Basaltblöcken durchsetzte Tuff besteht zu einem erheblichen Anteil aus Aschen und verwittert sehr leicht, wobei die darin enthaltenen Augite und Basaltblöcke der Erosion wesentlich besser standhielten und daher oberflächlich herauswitterten. In der vegetationsfreien Jahreszeit kann man auf den Äckern unterhalb des Silberrangens in Richtung Groschlattengrün die unscheinbaren Augite massenweise finden. Erst im Anbruch zeigen die stark gerundeten Kristalle ihren glasartigen Glanz und ihre graugrünliche bis bräunliche Farbe.

Augit im Basalttuff am Silberrangen; Bildbreite ca. 3,5 cm.

Explosiver Vulkanismus, pyroklastische Ströme und Ignimbrite

Ob ein Vulkan explodiert, hängt im Wesentlichen von zwei Faktoren ab: dem Gasgehalt der Schmelze und dem Anteil an Kieselsäure im Magma. Viel Kieselsäure im Magma bewirkt eine extreme Zähflüssigkeit, die zum Verstopfen des Förderkanals im Vulkan führt. Dadurch baut sich ein extrem hoher Druck auf, der sich schließlich in einer gewaltigen Eruption entlädt. Der Gehalt an Kieselsäure steht in direktem Zusammenhang mit der Art des geförderten Gesteins. Vereinfacht könnte man sagen, dass die Lava eines dunklen Gesteins, wie zum Beispiel des Basalts, in den meisten Fällen dünnflüssig ist und ruhig ausfließt, wie das auf Hawaii der Fall ist. Helle Gesteine wie Rhyolithe oder Phonolithe bilden wegen ihres hohen Kieselsäuregehaltes zähe Laven, die kaum fließen. Sie neigen viel stärker zu Explosionen. Der Einfluss des Gasgehaltes leuchtet sofort ein: Magma, das viel Kohlendioxid oder Wasserdampf oder auch beides enthält, neigt viel eher zu einem explosiven Ausbruch als gasarmes.
Nun stellt sich am Silberrangen die Frage, warum die basaltische Lava hier zu einem Explosionsgeschehen führte und nicht gemächlich ausfloss, wie dies beim Basalt die Regel ist. Hier lässt sich vermuten, dass das aufsteigende Magma mit Grundwasser in Kontakt kam und sich schlagartig Wasserdampf in großer Menge bildete. Nun hängt es nur noch vom Aufbau des Untergrundes ab, ob der Wasserdampf harmlos entweichen kann oder sich staut und einen hohen Druck aufbaut. Darüber ist am Silberrangen nur wenig bekannt, doch war diese Eruption sicherlich von überhitztem Grundwasser angetrieben. Derartige Explosionen bezeichnet man in der Vulkanologie als phreatomagmatisch.
Setzt sich nach der Explosion dieses Gemisch aus heißen, halbfesten Gesteinsbruchstücken, Lavafetzen, Asche und heißen Gasen in Bewegung, rasen sie im bodennahen Teil des pyroklastischen Stroms mit oft mehreren Hundert Stundenkilometern zu Tal. Die Ablagerungen dieser pyroklastischen Lawinen werden als Ignimbrite bezeichnet. Gleichzeitig steigt nach oben eine Glutwolke auf, die aus Gasen und Asche besteht und vergleichbar einer Schneelawine mit verheerender Zerstörungskraft ebenfalls zu Tale schießt. Dabei zerbrechen meist die noch glühend heißen Gesteinsblöcke. Weil die frei werdenden, heißen Gase zusätzliche Turbulenzen und damit Auftrieb erzeugen, kann die Glutlawine Entfernungen von vielen Kilometern überwinden. Da ein pyroklastischer Strom seinen Weg der Geländeform anpasst, füllt er Täler und Senken in der Umgebung ganz oder teilweise auf. Pyroklastische Ströme sind die größte Gefahr bei Vulkanausbrüchen, weil sie wegen ihrer Geschwindigkeit, ihrer Reichweite und Temperaturen von mehreren Hundert °C große Sachschäden verursachen und viele Menschenleben fordern können.

Großer Teichelberg

Der Große Teichelberg bei Pechbrunn ist ein Paradebeispiel für eine tertiäre Basaltdecke. Im Gegensatz zu anderen Basaltvorkommen wie z. B. dem Schloßberg bei Neuhaus a. d. Eger ist hier keine Förderspalte zu sehen, sondern ein großflächiger Deckenerguss von ca. 1 km Durchmesser und maximal 50 m Mächtigkeit. Eine Wanderung rund um den Steinbruch offenbart eine ungewöhnliche Vegetationsvielfalt, die einerseits auf die Verwitterung des nährstoffreichen Basalts und andererseits auf das Kleinklima der hier noch vorhandenen Blockhalden zurückzuführen ist. Der Teichelberg wurde 1996 angrenzend an den Steinbruch auf einer Fläche von 115 ha unter Naturschutz gestellt. Die natürlichen Blockschutthalden sind mit einem herrlichen Laubwald mit Buchen, Linden und Traubenkirschen bestockt. In der üppigen Krautschicht wachsen unter anderem Schlüsselblume, Maiglöckchen, Lungenkraut, Waldmeister und Weißwurz.

Zirkone aus dem Reichsforst; Bildbreite ca. 1,5 cm.

Der große Steinbruch, in dem seit über 120 Jahren Schotter, Splitt und Edelsplitt produziert werden, hat zwar eine große Kerbe in den Teichelberg geschlagen, doch wurde durch den Steinbruchbetrieb auch eine sehenswerte Basaltdecke mit riesigen Basaltsäulen aufgeschlossen. Die Bezeichnung Basalt ist für das anstehende Gestein nur näherungsweise richtig, denn nach seiner mineralischen Zusammensetzung handelt es sich, präzise angesprochen, um einen Olivinnephelinit, der kieselsäureärmer und olivinreicher als der „normale" Basalt ist.

Der Teichelberg ist unter Mineraliensammlern als der mineralreichste Basaltsteinbruch Nordostbayerns bekannt. Dieser Ruf gründet sich auf die ca. 60 verschiedenen, mitunter recht seltenen Mineralien, die hier gefunden wurden. Im Basalt zeigen sich entstehungsgeschichtlich zwei verschiedene Mineralgenerationen: Die eine Gruppe umfasst die Primärmineralien des Basalts wie Augit, Olivin und Magnetit sowie weitere, in Fremdgesteinseinschlüssen enthaltene Mineralien wie Zirkon. Die zweite Gruppe bilden Sekundärmineralien, die erst viel später auf Klüften und in Hohlräumen gebildet wurden. Sie gehören überwiegend zu den Zeolithmineralien und sind häufig blendend weiß und meist winzig klein, dafür aber formenreich und gut kristallisiert. Wegen der mit dem Gesteinsabbau verbundenen Gefahren ist das Betreten und Mineraliensammeln ohne vorherige Genehmigung verboten.

Doch wie entstanden diese Mineralien? Die Basalte werden von glasigen Aschen, vulkanischen Brekzien und Tuffen beglei-

Von Gold und Zwergen im Teichelberg

Der Sage nach wohnten auf dem Teichelberg, der seinen Namen von kleinen Teichen, die es in früherer Zeit auf dem Bergrücken gegeben haben soll, in alten Zeiten die Hankerln. Das waren gutmütige, hilfsbereite Zwerge mit langen Bärten und runzeligen Gesichtern. Sie hüteten angeblich in der Nähe des Hankerlbrunnens ihre unterirdischen Schätze, bis undankbare Menschen sie vertrieben. Alljährlich zu Palmsonntag soll sich die Höhle jedoch öffnen und den Menschen steht es frei, sich von den Schätzen zu nehmen.

Wie in fast allen Sagen liegt auch in dieser ein Körnchen Wahrheit. Lange bevor hier Basalt abgebaut wurde, ging nämlich am Südrand des Teichelberges, nicht weit vom Hankerlbrunnen, ein Bergbau auf Eisen um, an den heute noch die Flurbezeichnung "Eisengruben" erinnert. Dieser uralte Bergbau könnte die Fantasie der Menschen damals beflügelt haben.

tet. Die oberflächennahen Gesteine wurden im Laufe der Zeit durch Witterungseinflüsse verändert, weil Niederschlagswässer und Grundwasser diese vulkanischen Ablagerungen und die Nebengesteine durchdrangen. Eindringende Wässer reicherten sich dabei mit Natrium, Kalium und Silizium an und erhöhten dadurch ihren pH-Wert. Bei einem pH-Wert von 9,5 lösten die Wässer rasch die Glasbestandteile in den vulkanischen Aschen und nahmen die Mineralstoffe in sich auf. Nicht selten drangen die so beladenen Sickerwässer in Hohlräume und Spalten des Basalts ein, wo es bei günstigen Bedingungen zur Kristallisation formschöner Sekundärmineralien kam.

Natrolith-Kristalle auf Basalt vom Großen Teichelberg; Bildbreite 1 cm.

Nützliches und Informatives

Begleitend zu unseren Streifzügen lohnt sich der Kauf guter Wanderkarten oder amtlicher topographischer Karten. Insbesondere die preiswerten digitalen topographischen Karten TOP 50, TOP 25 und TOP 10 des Bayerischen Landesvermessungsamtes leisten bei der Exkursionsplanung wertvolle Dienste. Einige der von uns ausgewählten Exkursionspunkte liegen nicht direkt am Wegesrand und sind nur zu Fuß erreichbar. Um diese leichter auffinden zu können, haben wir für jedes Ziel GPS-Koordinaten angegeben.

Aufschlussbeschreibung und Koordinaten s. Seite 110

Für die wissenschaftlich orientierten Leser empfehlen wir die für weite Teile des Fichtelgebirges vorliegenden geologischen Karten des Bayerischen Landesamtes für Umwelt (LfU). Das LfU pflegt zusätzlich einen umfangreichen Geotopkataster für ganz Bayern, der Tausende von Geotopen enthält und im Internet abgerufen werden kann. Wenn Sie sich also intensiver auf ein Exkursionsgebiet vorbereiten wollen, bietet dieser Kataster eine wertvolle Ergänzung (*www.geologie.bayern.de/geotope.html*).

Interessante Lokalitäten und Kontaktadressen

Geologische Lehrpfade und Wanderwege

Granit-Lehrpfad am Epprechtstein

Ausgangspunkt: Wanderparkplatz am Buchhaus bei Kirchenlamitz.

Beschreibung: Entlang des ca. 3,5 km langen Lehrpfades veranschaulichen Informationstafeln die Geologie, Bergbaugeschichte und Granitverarbeitung der Region.

Geologisch-historischer Lehrpfad Leupoldsdorf-Vordorf

Ausgangspunkt: Ehemaliger Bahnhof in Leupoldsdorf.

Beschreibung: Der 9 km lange Lehrpfad informiert über die Kulturlandschaft, wobei Geologie und Bergbaugeschichte einen wichtigen Teil einnehmen.

Humboldtweg in Goldkronach

Ausgangspunkt: Wanderparkplatz am Friedhof der Stadt Goldkronach.

Beschreibung: Der Wanderweg führt auf einer Länge von 7 km mit 42 Informationstafeln zu den bergbaulich interessanten Sehenswürdigkeiten des Goldkronacher Reviers.

Fichtelberger Siebenstern Wanderwege

Dieses Wanderwegesystem der Gemeinde Fichtelberg umfasst 7 Themenwanderwege, die in einem 86-seitigen Führer ausführlich beschrieben werden (erhältlich in der örtlichen Tourist-Info in der Gablonzer Str. 11). Vier von ihnen befassen sich mit geologischen und bergbaulichen Themen:

- Köhler-, Hirten- und Steinhauerweg (Steinbruch, Halde, Findlingsabbau)
- Steinweg (Silbereisenabbau und Gesteine des Fichtelgebirges)
- Bergwerksweg (Bergbau im Ochsenkopfgebiet)
- Bergamtsweg (Bergbaugeschichte)

Humboldt-Weg in Arzberg

Ausgangspunkt: Parkplatz am Rathaus (Friedrich-Ebert-Str. 6).

Beschreibung: Der 4 km lange Wanderweg vermittelt einen Einblick in die Bergbau- und Industriegeschichte der Stadt Arzberg. Höhepunkt ist das „Alte Bergwerk“, eine Informationsstelle des Naturparks Fichtelgebirge.

Luisenburg-Rundweg

Ausgangspunkt: Parkplatz an der Luisenburg bei Wunsiedel.

Beschreibung: Der Weg führt durch das Felsenlabyrinth der Luisenburg mit seinen spektakulären Felsformationen.

Schaubergwerke und Schausteinbrüche

Gleißinger Fels

Lage: Ca. 600 m westlich von Fichtelberg-Neubau, dicht an der Straße Neubau Richtung Fleckl.

Beschreibung: Historisches „Silbereisen"-Bergwerk (Hämatit), Stollenbefahrung, fachkundige Führung mit Tonbildschau (ca. 1 ¼ Stunden), Untertage-Goldwaschanlage.

Öffnungszeiten: Apr. – Nov. 10 – 17 Uhr, Gruppen ganzjährig nach Anmeldung

Tel.: 09272/848

Homepage: www.bergwerk-fichtelberg.de

Schmutzler-Stollen

Lage: Am Goldberg bei Brandholz östlich Goldkronach am Humboldt-Wanderweg.

Beschreibung: 40 m befahrbarer historischer Stollen, zeigt in der Firste einen goldhaltigen Quarzgang sowie die schwere handwerkliche Arbeit des Bergmanns.

Öffnungszeiten: Mai – Sept., jeweils sonntags, 11 – 16 Uhr

Kontakt: Verkehrsamt Goldkronach, Tel. 09273/9840

Homepage: www.goldbergbaumuseum.de

Mittlerer Name Gottes

Lage: Am Goldberg bei Brandholz östlich Goldkronach am Humboldt-Wanderweg.

Beschreibung: Stollenbefahrung, historischer Spaltenbergbau auf goldhaltigen Quarzgang, frühneuzeitlicher Röstofen (Originalreste und Rekonstruktion).

Öffnungszeiten: Mai – Sept., jeweils sonntags, 11 – 16 Uhr

Kontakt: Verkehrsamt Goldkronach, Tel. 09273/9840

Homepage: www.goldbergbaumuseum.de

Häusellohe – Schausteinbruch

Lage: Ca. 3 km südöstlich Ortsmitte von 95100 Selb, Häusellohweg.

Beschreibung: Museal betriebener Schausteinbruch (Granit) in einem großen Moorgebiet, Granitgewinnung und -veredelung, Holzköhlerei.

Öffnungszeiten: Apr. – Okt.

Tel.: 09287/60307 oder 09287/60749

Homepage: *www.enklselb.com/html/schausteinbruch.htm*

Kristallbergwerk Sack'scher Keller

Lage: Kirchenlamitzer Straße 12 in der Ortsmitte von 95163 Weißenstadt.

Beschreibung: Historisches Bergwerk auf Bergkristall, Quarzgänge im Granit.

Öffnungszeiten: Führungen jeden Freitag, 14 – 16 Uhr

Kontakt: Herr Sack, Drogeriemuseum und die Destille Sack, Tel. 09253/954809

Museen und öffentliche Sammlungen

Fichtelgebirgsmuseum in Wunsiedel

Anschrift: Spitalhof, 95632 Wunsiedel

Beschreibung: Das Museum ist mit 2 900 qm das größte Regionalmuseum Bayerns und zeigt in der Abteilung Mineralogie/Geologie mehr als 2 000 Exponate.

Öffnungszeiten: Di. – So. 10 – 17 Uhr

Tel.: 09232/2032

Homepage: *www.fichtelgebirgsmuseum.de*

Deutsches Naturstein-Archiv in Wunsiedel

Anschrift: Marktredwitzer Str. 60, 95632 Wunsiedel

Beschreibung: Das an der staatl. Fachschule für Steinbearbeitung angesiedelte Archiv besitzt knapp 6 000 Steinmuster aus über 100 Staaten und gilt als weltweit größte Sammlung dieser Art.

Öffnungszeiten: Nach Vereinbarung

Tel.: 09232/1038

Homepage: *www.deutsches-natursteinarchiv.de*

Urwelt-Museum in Bayreuth

Anschrift: Kanzleistraße 1, 95444 Bayreuth

Beschreibung: Das oberfränkische erdgeschichtliche Museum zeigt Saurier der Trias in Oberfranken, Gesteine, Mineralien und Fossilien, dazu ein begehbares Goldkristallgitter.

Öffnungszeiten: Di. – So. 10 – 17 Uhr (zur Festspielzeit und in den Sommerferien auch montags)

Tel.: 0921/511211

Homepage: *www.urwelt-museum.de*

Goldbergbaumuseum in Goldkronach

Anschrift: Bayreuther Str. 21, 95497 Goldkronach

Beschreibung: Das Museum zeigt alles rund um den historischen Goldbergbau bei Goldkronach. Eine kleine Mineraliensammlung und Handwerksgeräte für Holz- und Metallbearbeitung runden thematisch ab.

Öffnungszeiten: Jeweils sonntags von 13 – 17 Uhr

Tel.: 09273/502026

Homepage: *www.goldbergbaumuseum.de*

Bergbau- und Heimatmuseum Erbendorf

Anschrift: Altes Kloster, Kirchgasse 4, 92681 Erbendorf

Beschreibung: Das Museum wurde auf Initiative des Heimatpflegevereins Erbendorf e.V. im Jahre 1995 eröffnet. Es zeigt in der Abteilung Mineralogie und Geologie in fünf Räumen Mineralien und Gesteine aus der Umgebung sowie Dokumente zur Bergbaugeschichte.

Kontakt: Tourist-Info der Stadt Erbendorf, Tel. 09682/921022

Stiftlandmuseum Waldsassen

Anschrift: Museumsstraße 1, 95652 Waldsassen

Beschreibung: Im Museum befindet sich eine Abteilung Mineralogie, Geologie und Bergbaugeschichte. Schwerpunkt bilden Exponate aus dem Bergbau der ehemaligen Grube Bayerland.

Kontakt: Tourist-Info der Stadt Waldsassen, Tel. 09632/88160

Homepage: *www.waldsassen.de/freizeitkultur/stiftlandmuseum-waldsassen.html*

Altes Bergwerk Kleiner Johannes in Arzberg

Anschrift: Altes Bergwerk 1 (beim ehemaligen Schwimmbad), 95659 Arzberg

Beschreibung: Die Infostelle des Naturparks Fichtelgebirge zeigt Einrichtungen und Werkzeuge des Bergbaus, eine Mineralien- und Gesteinssammlung sowie Dokumente zur Geologie und Bergbaugeschichte der Region.

Öffnungszeiten: 19.03. – 04.12. täglich 9 – 17 Uhr

Tel.: 09233/404-0

Geführte Exkursionen im Geopark Bayern-Böhmen

In den letzten Jahren ist das Bewusstsein für den geologischen Reichtum der nördlichen Oberpfalz und in Oberfranken enorm gewachsen und viele Städte und Gemeinden nutzen ihn in touristischen Konzepten. Als organisatorisches Dach für all die geologischen Sehenswürdigkeiten hat sich auf bayerischer Seite in den Oberpfälzer Landkreisen Neustadt a. d. Waldnaab und Tirschenreuth sowie in den oberfränkischen Landkreisen Bayreuth und Wunsiedel im Fichtelgebirge der grenzüberschreitende nationale Geopark Bayern-Böhmen etabliert. Als tschechische Partner treten die Regionen Karlovy Vary (Karlsbad) und Plzen (Pilsen) auf, die mit den westböhmischen Vulkangebieten, faszinierenden Bergbaulandschaften und dem weltberühmten Böhmischen Bäderdreieck aufwarten können.

Eine besonders einfache und informative Möglichkeit, den Geopark geologisch kennenzulernen, bietet sich über die von den Geopark-Rangern angebotenen Touren. Eine Übersicht der preiswerten und gut vorbereiteten Führungen ist auf der Homepage des Geoparks (*www.geopark-bayern.de*) zu finden oder lässt sich bei dessen Geschäftsstelle erfragen. Doch wird von den Geopark-Rangern nicht nur Geologie vermittelt, auch geschichtliche, kulturelle und landschaftliche Besonderheiten kommen nicht zu kurz.

Bei aller Begeisterung für Geologie und Landschaft sollte man die reichen Kulturschätze des Fichtelgebirges nicht außer Acht lassen und „en passant" genießen. Die kulinarischen Spezialitäten der Region, die in den hier noch traditionsbewussten, gastfreundlichen und preiswerten Wirtshäusern angeboten werden, sind ein echter Insider-Tipp. Das Fichtelgebirge ist noch eine wirkliche oberfränkische Genussregion.

Besonders erwähnenswert ist an dieser Stelle die verdienstvolle Arbeit des Fichtelgebirgsvereins, der den Besuch vieler Aufschlüsse mit seiner unermüdlichen Pflege der Wanderwege für geologisch und landschaftlich interessierte Besucher so einfach möglich macht.

Wichtige Internetadressen

Internetangebot des bayerischen Teils des Bayerisch-Böhmischen Geoparks:
www.geopark-bayern.de

Bayerisches Landesamt für Umwelt:
www.lfu.bayern.de

Homepage des Fichtelgebirgsvereins e. V.:
www.bayern-fichtelgebirge.de

Besucherbergwerk Gleißinger Fels:
www.bergwerk-fichtelberg.de

Verein Heimatmuseum Goldkronach e. V.:
www.goldbergbaumuseum.de

Vereinigung der Freunde der Mineralogie und Geologie (VFMG) e. V., Bezirksgruppe Weiden/Oberpfalz:
www.vfmg-weiden.de

Mineralien und deren Eigenschaften

Nachfolgende Tabelle fasst den Chemismus in vereinfachter Form, die kristallographische Zugehörigkeit sowie die typische(n) Farbe(n) der in diesem Buch genannten Mineralien zusammen.

Name	Chemismus Kristallsystem	typische Farbe(n)
Apatit (Mineralgruppe)	$Ca_5(PO_4)_3(F,Cl,OH)$ hexagonal	grün, violett
Augit ein Pyroxen	$(Ca,Na)(Mg,Fe,Al,Ti)(Si,Al)_2O_6$ monoklin	schwarz, braun, grün
Autunit Kalkuranglimmer	$Ca(UO_2)_2(PO_4)_2 \cdot 12\ H_2O$ tetragonal	gelbgrün
Bergkristall (Quarzvarietät)	SiO_2 trigonal	wasserklar
Biotit Dunkelglimmer	$K(Mg,Fe,Mn)_3[(OH,F)_2 \vert (Al,Fe,Ti)Si_3O_{10}]$ monoklin	braun, schwarz
Brandholzit	$Mg[Sb(OH)_6]_2 \cdot 6\ H_2O$ trigonal	farblos, milchigweiß
Calcit Kalkspat	$CaCO_3$ trigonal	farblos, weiß, u. a. m.
Cordierit	$Mg_2Al_4Si_5O_{18}$ orthorhombisch	blau, grün
Dolomit	$CaMg(CO_3)_2$ trigonal	farblos, weiß, gelblich, beige
Eisenkiesel (Quarzvarietät)	SiO_2 trigonal	ziegelrot
Euklas	$BeAl[OH \vert SiO_4]$ monoklin	farblos, weiß, bläulich
Feldspat (Mineralgruppe)	XZ_4O_8 (X=Ba,Ca,K,Na,Sr; Z=Al,B,Si) monoklin, triklin	weiß, gelblich, braun u. a. m
Fluorit Flussspat	CaF_2 kubisch	violett, grün u. a. m
Glimmer (Mineralgruppe)	komplexe silikatische Mineralgruppe monoklin	silberweiß, braun, grün u. a. m
Goethit	α-FeOOH orthorhombisch	gelbbraun, rötlich-schwarz, braun-schwarz

Name	Chemismus Kristallsystem	typische Farbe(n)
Gold gediegen	Au kubisch	goldgelb
Goyazit	$SrAl_3[(OH)_6 \mid PO_3(OH) \mid PO_4]$ trigonal	honiggelb
Granat (Mineralgruppe)	komplexe silikatische Mineralgruppe kubisch	rot, braun u. a. m.
Graphit	C hexagonal	speckig schwarz
Hämatit Roter Glaskopf, Roteisenstein	α-Fe_2O_3 trigonal	silberfarben, rot
Hornblende (Mineralgruppe)	chemisch komplexe Silikatgruppe mit SiO_4-Doppelketten	schwarz, grünlich, braun
Kassiterit Zinnstein	SnO_2 tetragonal	schwarz, hellbraun, rötlichgelb
Klinopyroxen	Mineralgruppe, zu der Augit und Omphacit gehören	
Limonit Brauneisenerz	FeOOH orthorhombisch	gelb, braun, rot
Magnetit	Fe_3O_4 kubisch	metallisch schwarz
Muskovit Hellglimmer	$KAl_2(Si_3Al)O_{10}(OH,F)_2$ monoklin	silberweiß
Olivin	$(Mg,Fe)_2SiO_4$ orthorhombisch	olivgrün, flaschengrün
Omphacit ein Pyroxen	$(Ca,Na)(Mg,Fe,Al)[Si_2O_6]$ monoklin	grasgrün, dunkelgrün
Orthoklas Kalifeldspat	$KAlSi_3O_8$ monoklin	weiß, grau, gelblich, rötlich
Phengit ein Hellglimmer		
Plagioklas Kalknatronfeldspat	$(Na,Ca)(Si,Al)_4O_8$ triklin	weiß, grau, gelblich
Pyroxen	Mineralgruppe, zu der Augit und Omphacit gehören	grau, braun, grün, schwarz
Quarz	SiO_2 trigonal	durchsichtig, weiß u. a. m.

Name	Chemismus Kristallsystem	typische Farbe(n)
Rauchquarz (Quarzvarietät)	SiO_2 trigonal	grau, braun
Rutil	TiO_2 tetragonal	schwarz, braun, rot
Schörl Schwarzer Turmalin	$NaFe_3Al_6(BO_3)_3Si_6O_{18}(OH)_4$ trigonal	schwarz
Siderit Eisenspat	$FeCO_3$ trigonal	gelblich, braun
Spinell	$MgAl_2O_4$ kubisch	sehr vielfarbig, oft schwarz
Topas	$Al_2SiO_4(F,OH)_2$ orthorhombisch	farblos, weiß, blau
Torbernit Kupferuranglimmer	$Cu(UO_2)_2(PO_4)_2 \cdot 12\ H_2O$ tetragonal	smaragdgrün
Turmalin (Mineralgruppe)	komplexe silikatische Mineralgruppe trigonal	schwarz, braun, grün u. a. m
Zeolith (Mineralgruppe)	komplexe wasserhaltige Alumosilikate, zu denen der Natrolith gehört	
Zirkon	$ZrSiO_4$ tetragonal	braun, braunrot, grün, gelb, rosa
Zoisit	$Ca_2Al_3(SiO_4)_3(OH)$ orthorhombisch	farblos, weiß, graugrün

Lage, Beschreibung und geographische Koordinaten der Aufschlüsse

Die nachfolgend angeführten Koordinaten beziehen sich auf das World Geodetic System 1984 (WGS84). Die Aufschlüsse sind in der Reihenfolge ihrer Nennung im Text aufgeführt. Koordinaten der geologischen Lehrpfade und Besucherbergwerke sind am Tabellenende zusammengestellt.

	Lage und Beschreibung	Nordwert	Ostwert	Seite
1	**Goldkronach – Ottenleite** Ehemaliger kleiner Steinbruch, Phyllitaufschluss mit Diabasgängen nahe Goldkronach	N 50,0122°	E 11,6923°	17
2	**Weißenstein bei Stammbach** Eklogitaufschluss in der Münchberger Gneismasse; vom dortigen Aussichtsturm bietet sich ein schöner Blick auf das Fichtelgebirge	N 50,1299°	E 11,6906°	28
3	**Arzberg – G'steinigt (Parkplatz)** Ausgangspunkt für eine Wanderung in die Röslauschlucht mit den ältesten Gesteinen (Phyllite, Quarzite und Gneise) des Fichtelgebirges	N 50,0532°	E 12,1804°	29
4	**Arzberg – Elisenfels** Deformierte Gneise und Glimmerschiefer der Elisenfels-Serie im Tal der Röslau	N 50,0465°	E 12,1750°	30
5	**Arzberg – St. Georg-Stollen** Entwässerungsstollen für den Eisenerzbergbau im Arzberger Revier	N 50,0502°	E 12,1735°	30, 34
6	**Lerchenbühl** Stark deformierte Metamorphite des Waldsassener Schiefergebirges bei Neualbenreuth	N 49,9834°	E 12,4720°	35
7	**Holenbrunn** Aufgelassener Marmorsteinbruch nahe Wunsiedel	N 50,0556°	E 12,0438°	40

	Lage und Beschreibung	Nordwert	Ostwert	Seite
8	**Stemmaser Bühl** Aufgelassener Steinbruch im nördlichen Marmorzug	N 50,0808°	E 12,1383°	40
9	**Strehlenberg** Bergkristallvorkommen auf den Äckern im Marmorzug bei Markt-redwitz	N 50,0139°	E 12,0857°	41
10	**Marktredwitz – Redwitzitblöcke** Sehenswerte Redwitzit-Wollsäcke mit gut erkennbarer Einregelung der Feldspatkristalle	N 50,0004°	E 12,1095°	43
11	**Wellertal** Taleinschnitt der Eger mit den schönsten Exkavationsformen des Fichtelgebirges	N 50,1254°	E 12,1460°	48
12	**Zipfeltanne** Spektakulärer Felsturm mit Woll-sackverwitterung im Steinwald-granit bei Pfaben	N 49,8827°	E 12,0322°	50
13	**Weißenstein im Steinwald – Burgruine** Felsburg im Steinwaldgranit nahe Waldershof mit Silikatgesteins-karren	N 49,9138°	E 12,0831°	53
14	**Hackelstein** Eine der schönsten Granit-Fels-burgen Nordostbayerns nahe Fuchsmühl	N 49,9195°	E 12,1210°	56
15	**Napfberg – Teufelsstein** Durch Solifluktion gewanderter Granitfelsen im Steinwald nahe Pfaben	N 49,8879°	E 12,0580°	58
16	**Luisenburg (Eingang)** Felsenlabyrinth und Blockmeer nahe Wunsiedel, wo Goethe die Grundprinzipien der Wollsackver-witterung erkannte	N 50,0116°	E 11,9900°	61

	Lage und Beschreibung	Nordwert	Ostwert	Seite
17	**Waldstein-Steinbruch GRASYMA** Stillgelegter Granitsteinbruch im Jüngeren Granit des Fichtelgebirges	N 50,1271°	E 11,8628°	64
18	**Waldstein – Rotes Schloss** Historische Burg auf dem Gipfelgrat des Waldsteins mit schönem Ausblick	N 50,1296°	E 11,8522°	64
19	**Waldstein – Napoleonshut** Kleinform der Granitverwitterung am Weg zum Waldstein-Gipfel	N 50,1274°	E 11,8557°	65
20	**Epprechtstein – Schloßbrunnen-Bruch** Stillgelegter Steinbruch im Jüngeren Granit des Fichtelgebirges, der einen guten Einblick in den Granitabbau des Fichtelgebirges vermittelt	N 50,1459°	E 11,9215°	67
21	**Nußhardt** Granit-Felsburg im Zentrum des Hohen Fichtelgebirges mit schönem Ausblick	N 50,0408°	E 11,8646°	68
22	**Vordorfermühle – Seifenhügel** Zeugen der Zinnwäscherei im Fichtelgebirge nahe Tröstau	N 50,0462°	E 11,8973°	73
23	**Fuchsbau** Ehemalige Granitsteinbrüche im Zinngranit	N 50,0307°	E 11,9052°	74
24	**Rudolfstein – Grube Werra** Stollenmundloch der ehemaligen Uranerzgrube bei Weißenstadt	N 50,0791°	E 11,8865°	75
25	**Rudolfstein – Gipfel** Einer der schönsten Granitaufschlüsse des Fichtelgebirges mit Wollsackverwitterung und Felsburg	N 50,0720°	E 11,8779°	76
26	**Rotenfels** Ehemaliger Eisenabbau am Rande des Fichtelgebirges	N 49,9485°	E 11,8284°	86

	Lage und Beschreibung	Nordwert	Ostwert	Seite
27	**Ochsenkopf – Proterobas-Steinbrüche** Schluchtenartige Steinbrüche am Ochsenkopf, in denen der Proterobas als begehrter Werkstein gewonnen wurde	N 50,0152°	E 11,8326°	88
28	**Ochsenkopf – Waldglashütte** Archäologische Ausgrabung einer Waldglashütte, in der aus geschmolzenem Proterobas Glasprodukte gefertigt wurden	N 50,0191°	E 11,8328°	84, 89
29	**Thierstein – Sportplatz** Aufschluss einer Basaltdecke mit sehenswerten Basaltsäulen	N 50,1039°	E 12,0996°	90
30	**Neuhaus a. d. Eger – Schloßberg** Aufschluss mit schönen Basaltsäulen in einem ehemaligen Steinbruch; der Basalt hat an dieser Lokalität den Granit durchschlagen	N 50,1098°	E 12,1610°	93
31	**Silberrangen** Fundstelle für Augitkristalle in einem basaltischen Ignimbritvorkommen nahe Pechbrunn	N 49,9824°	E 12,1468°	95
32	**Wappenstein** Basaltisches Ignimbritvorkommen nahe Pechbrunn	N 49,9833°	E 12,1433°	95
33	**Teichelberg** Größter Basaltsteinbruch der Region in einem Deckenbasalt mit vielen seltenen Zeolithmineralien	N 49,9606°	E 12,1640°	96
Geologische Lehrpfade und Schaubergwerke				
34	**Arzberg – Humboldt-Weg, Parkplatz** Wanderweg zur Bergbau- und Industriegeschichte des Arzberger Eisenerzreviers	N 50,0555°	E 12,1899°	100

	Lage und Beschreibung	Nordwert	Ostwert	Seite
35	**Epprechtstein – Geologischer Rundwanderweg** Geologischer und montanhistorischer Rundwanderweg nahe Kirchenlamitz	N 50,1402°	E 11,9281°	66, 99
36	**Leupoldsdorf – Geologisch-historischer Lehrpfad, Parkplatz** Lehrpfad mit Informationen zur Geologie und Landschaftsgeschichte sowie der Granitindustrie im Fichtelgebirge	N 50,0285°	E 11,9345°	74, 99
37	**Goldkronach – Humboldt-Rundweg, Parkplatz** Wanderweg zur Bergbaugeschichte im Goldkronacher Revier	N 50,0148°	E 11,6896°	79, 100
38	**Arzberg – Kleiner Johannes** Informationszentrum zum Erzbergbau im Arzberger Eisenerzrevier mit Schaubergwerk und einer sehenswerten regionalen Mineraliensammlung	N 50,0592°	E 12,1923°	33, 35, 104
39	**Goldkronach – Name Gottes-Stollen** Info-Stelle und Besucherbergwerk des ehemaligen Goldbergbaus im Goldkronacher Revier	N 50,0095°	E 11,7100°	79, 101
40	**Goldkronach – Schmutzler-Stollen** Besucherbergwerk des ehemaligen Goldbergbaus im Goldkronacher Revier	N 50,0073°	E 11,7114°	79, 101
41	**Gleißinger Fels** Silbereisenerz-Besucherbergwerk nahe Fichtelberg	N 50,0077°	E 11,8370°	83, 101
42	**Sack'scher Keller** Histor. Bergwerk auf Bergkristall	N 50,1022	E 11,8860	6, 71, 102
43	**Häusellohe – Schausteinbruch** Museal betriebener Steinbruch, Granitgewinnung und -veredelung, Holzköhlerei	N 50,1544	E 12,1776	102

Ortsverzeichnis

Literaturverzeichnis

Allgemeine Literatur, geologische Führer und zusammenfassende Beschreibungen

BAYERISCHES GEOLOGISCHES LANDESAMT (1996): Erläuterungen zur Geologischen Karte von Bayern 1 : 500 000. München.

EICHHORN, R., GLASER, S., LAGALLY, U. & ROHRMÜLLER, J. (1999): Geotope in Oberfranken. Erdwissenschaftliche Beiträge zum Naturschutz, Band 2. Bayerisches Geologisches Landesamt (Hrsg.). München.

EMMERT, U. & STETTNER, G. (1990): Geologische Karte von Bayern 1 : 25 000, Erläuterungen zu Blatt Nr. 6036 Weidenberg. München.

FLURL, M. v. (1792): Beschreibung der Gebirge von Baiern und der oberen Pfalz. Verlag Joseph Lentner. München.

GLASER, S., KEIM, G., LOTH, G., VEIT, A., BASSLER-VEIT, B. & LAGALLY, U. (2007): Geotope in der Oberpfalz. Erdwissenschaftliche Beiträge zum Naturschutz, Band 5. Bayerisches Landesamt für Umwelt (Hrsg.). München.

GÜMBEL, C. W. (1874): Die paläolithischen Eruptivgesteine des Fichtelgebirges. München.

GÜMBEL, C. W. (1879): Geognostische Beschreibung des Fichtelgebirges mit dem Frankenwalde und dem westlichen Vorlande. Justus Perthes. Gotha.

MIELKE, H. & STETTNER, G. (1984): Geologische Karte von Bayern 1 : 25 000, Erläuterungen zu Blatt Nr. 5838/5839 Selb/Schönberg. München.

MIELKE, H. (1999): Geologische Karte von Bayern 1 : 25 000, Erläuterungen zu Blatt Nr. 5938 Marktredwitz. München.

MÜLLER, F. (1979): Bayerns steinreiche Ecke. Oberfränkische Verlagsanstalt und Druckerei GmbH. Hof/Saale.

RUTTE, E. (1981): Bayerns Erdgeschichte. Verlag Ehrenwirth. München.

SCHRÖDER, B., SIEGELING, M., BERGER, K. & WITTMANN, O. (1966): Geologische Karte von Bayern 1 : 25 000, Erläuterungen zu Blatt Nr. 6137 Kemnath. München.

SPERBER, H. (1976): Nordostbayern - einmaliges Land. Oberfränkische Verlagsanstalt und Druckerei GmbH. Hof/Saale.

STETTNER, G. (1958): Geologische Karte von Bayern 1 : 25 000, Erläuterungen zu Blatt Nr. 5937 Fichtelberg. München.

STETTNER, G. (1964): Geologische Karte von Bayern 1 : 25 000, Erläuterungen zu Blatt Nr. 5837 Weißenstadt. München.

STETTNER, G. (1977): Geologische Karte von Bayern 1 : 25 000, Erläuterungen zu Blatt Nr. 5936 Bad Berneck. München.

STETTNER, G. (1995): Geologische Karte von Bayern 1 : 25 000, Erläuterungen zu Blatt Nr. 6040/6041 Neualbenreuth/Mähring. München.

WURM, A. (1925): Geologie von Bayern, 1. Teil: Nordbayern, Fichtelgebirge, Frankenwald. Gebrüder Borntraeger. Berlin.

WURM, A. (1932): Erläuterungen zur Geologischen Karte von Bayern 1 : 25 000, Bl. Wunsiedel Nr. 82. München.

WURM, A. (1961): Geologie von Bayern, I. Frankenwald, Münchberger Gneismasse, Fichtelgebirge, Nördlicher Oberpfälzer Wald. 2. Aufl. Gebrüder Borntraeger. Berlin.

ZITZMANN, A. (1985): Blatt Bayreuth 1 : 200 000 - die Geologische Übersichtskarte von Nordost-Bayern. Geol. Bl. NO-Bayern 34/35, Teil 1. Erlangen.

Spezielle Literatur zu Geologie, Mineralogie und Bergbau

ACKERMANN, W. (1973): Rb-Sr-Datierung einiger Granite des ostbayerischen Kristallins durch Gesamtgesteins- und Biotitanalysen. Geologica Bavarica, 68: 155–162. München.

BERGMANN, K. (1948): Die fichtelgebirgische Granitindustrie. Weißenstadt.

BRAND, H. (1954): Lagerstättenkunde einiger Braunkohlebecken des Fichtelgebirges. Erlanger geol. Abh., 9: 1–454. Erlangen.

BUSCHENDORF, F. (1930): Die primären Golderze des Hauptganges bei Brandholz im Fichtelgebirge unter besonderer Berücksichtigung ihrer Paragenesis und Genesis. N. Jb. Miner., Beil.-Bd., 62, Abt. A: 1–50. Stuttgart.

CHINTA, R. (1982): Geschichtlicher Überblick des Goldkronacher Erzbergbaues. Geol. Bl. NO-Bayern, 32,3-4: 188–197. Erlangen.

CHINTA, R. (1983a): Die Erzvorkommen im nordöstlichen Teil von Bayern. Geol. Bl. NO-Bayern, 33,1-2: 64–80. Erlangen.

CHINTA, R. (1983b): Alte Abbaugebiete für Braunkohle im Fichtelgebirge und in der nördlichen Oberpfalz. Geol. Bl. NO-Bayern, 33,3-4: 186–190. Erlangen.

DILL, H. G. (1985): Die Vererzung am Westrand der Böhmischen Masse - Metallogenese in einer ensialischen Orogenzone. Geologisches Jahrbuch, D 73: 3–461.

DILL, H. G. (1998): Zur Stratigraphie und Fazies autochthoner und allochthoner Tertiär-Ablagerungen im Raum Schirnding (Oberfranken). Geol. Bl. NO-Bayern, 48,1-3: 1–20. Erlangen.

DILL, H. G. & KOLB, S. G. (1984): The Großschloppen-Hebanz uranium occurrences. A prototype of mineralized structure zones associated with desilification and silification processes (FR Germany/N Bavaria). In: FUCHS, H. D. (Hrsg.): Uranium Vein-Type Deposits. International Atomic Energy Agency: 287–303. Wien.

EMMERT, U. (1981): Die Fichtelgebirgsschwelle an der Fränkischen Linie. Jber. Mitt. oberrhein. geol. Ver., N. F., 63: 219–228. Stuttgart.

FELSER, H., SEELIGER, E. & STRUNZ, H. (1965): Die Erzmineralparagenese im Marmor von Wunsiedel/Fichtelgebirge. Acta Albertina, 26: 35–53. Regensburg.

FÜSSL, M. & WEBER, B. (2009): Nördliche Oberpfalz. Weißes Gold und schwarzer Basalt. Streifzüge durch die Erdgeschichte. Quelle & Meyer Verlag. Wiebelsheim.

GAERTNER, H. R. v. (1938): Geologische Stellung der oberdevonischen Eisenerzlagerstätten in Thüringen und Oberfranken. Jahrb. d. Reichst. f. Bodenforschung, 62: 81–108. Berlin.

HECHT, L. (1993): Die Glimmer als Indikatoren für die magmatische und postmagmatische Entwicklung der Granite des Fichtelgebirges (NE-Bayern). Münchner Geologische Hefte, Reihe A: Allgemeine Geologie, 10. München.

HECHT, L. (1998): Granitoide des Fichtelgebirges (NE-Bayern): Magmengenese und hydrothermale Alteration. Jber. Mitt. Oberrhein. Geol. Ver., N.F., 80: 223–250. Stuttgart.

HECHT, L., SPIEGEL, W. & MORTEANI, G. (1993): Genetic studies of granites of the Fichtelgebirge – A contribution to crustal evolution at the border of the Saxothuringian and Moldanubian Zone. KTB-Report, 93(2): 403–405. Hannover.

HECHT, L., VIGNERESSE, J. L. & MORTEANI, G. (1997): Constraints on the origin of pluton zonation: Evidence from a gravity and geochemical study, Fichtelgebirge, Germany and Czech Republic. Geol. Rundsch., 86, Suppl.: 93–109.

HERRMANN, D. (1990): Vom Bergbau im Fichtelgebirge (Teil 2). Jahreshefte für Heimatkunde, Landschaftsschutz und Erforschung heimatlicher Boden-, Natur- und Kulturdenkmäler 12: 1–43. Wunsiedel.

HERRMANN, D. (1993): Die Kösseine im Fichtelgebirge. Das Fichtelgebirge – Schriftenreihe zu seiner Geschichte, Natur und Kultur, 3: 1–132. Wunsiedel.

HERRMANN, D. (2007): Proterobas-Glashütte am Ochsenkopf. Der Siebenstern 76,1: 5–6. Wunsiedel.

HERZBERG, A. (1983): Research on topaze in the granites from the Fichtelgebirge. Fortschr. Miner., 61: 81–88. Stuttgart.

HIRSCHMANN, G. (1987): Zur Mineralisation der Fichtelgebirgsgranite. LXII. Bericht der Naturforschenden Gesellschaft Bamberg. Bamberg.

HORSTIG, G. v. & TEUSCHNER, E. O. (1979): Die Eisenerze im Alten Gebirge NE-Bayerns. Geol. Jb., D 31: 7–47. München.

HÜTTNER, J. (1996): Der Fichtelgebirgsgranit – Werkstoff einer Region. Das Fichtelgebirge. Heft 6/1996. Fichtelgebirgsverein e. V. Wunsiedel.

IRBER, W. (1992): Das Erzrevier von Brandholz-Goldkronach im Fichtelgebirge. 232 S. (unveröffentlichte Diplomarbeit an der TU München).

KLING, M. (1996): Geologie, Stratigraphie und Tektonik im südöstlichen Fichtelgebirge. Geologica Bavarica, 101: 167–179. München.

KNAUER, E. & RICHTER, P. (1968): Neue Beobachtungen zur Erzmineralführung der Gold-Quarz-Gänge bei Brandholz im Fichtelgebirge. N. Jb. Miner., Mh., 1968: 463–471. Stuttgart.

LAUBMANN, H. (1925): Die Zinnerzlagerstätten des Fichtelgebirges. Cbl. Miner. Geol. Paläo., Abt. A: 54–64. Stuttgart.

LÜTTIG, G. (1998): Zum Alter der jungen Vulkanite in NE-Bayern (und Umgebung). Geol. Bl. NO-Bayern, 48,1-3: 21–50. Erlangen.

LÜTTIG, G. (1999): Die alten Landoberflächen in Thüringen und Franken. Geol. Bl. NO-Bayern, 49,3-4: 139–164. Erlangen.

MEIER, S. (1995): Mineralfundstellen im Fichtelgebirge. Selbstverlag. Marktredwitz.

MIELKE, H. (1985): Erste Lebensspuren aus Metasedimenten der Bunten Gruppe Ostbayerns (Fichtelgebirge und Oberpfälzer Wald). Ein weiterer Hinweis für deren Zuordnung in den Zeitabschnitt Oberstes Proterozoikum - Unterstes Kambrium. Geol. Bl. NO-Bayern, 34/35, Teil 1: 189–210. Erlangen.

MIELKE, H. (1998): Zur regionalen Geologie des zentralen Fichtelgebirges. Jber. Mitt. Oberrhein. Geol. Ver., N.F., 80: 49–61. Stuttgart.

MIELKE, H. & POVONDRA, P. (1972): On the enrichment of tourmaline in metamorphic sediments of the Arzberg Series, W-Germany (NE-Bavaria). N. Jb. Miner., Mh., 1972(5): 209–219. Stuttgart.

MIELKE, H. & SCHREYER, W. (1972): Magnetite-rutile-assemblages in metapelites of the Fichtelgebirge, Germany. Earth and Planet. Sci. Lett., 16: 423–428. Amsterdam.

MIELKE, H., BLÜMEL, P. & LANGER, K. (1979): Regional low-pressure metamorphism of low and medium grade in metapelites and psammites of the Fichtelgebirge area, NE Bavaria. N. Jb. Miner., Abh., 137: 83–112. Stuttgart.

MORTEANI, P. & FRIERICHSEN, H. (1972): Druck- und Temperaturbestimmungen für die Quarz-Hämatit-Vererzung des Gleißinger Felses (Fichtelgebirge/Bayern) durch Mikrothermometrie an Flüssigkeitseinschlüssen und $^{18}O/^{16}O$-Bestimmungen. N. Jb. Miner., Abh., 134: 15–23. Stuttgart.

MÜLLER, F. (1961): Wie es zur Bezeichnung Redwitzit kam. Geol. Bl. NO-Bayern, 11: 115–116. Erlangen.

MÜLLER, F. (2001): Gesteinskunde, Lehrbuch und Nachschlagewerk über Gesteine für Hochbau, Innenarchitektur, Kunst und Restaurierung. 6. Aufl. Ebner Verlag. Ulm.

NAGEL, O. (1992): Versuch einer geochemischen Prospektion auf Speckstein im Gebiet Göpfersgrün-Thiersheim/Fichtelgebirge. Geol. Bl. NO-Bayern, 42,3-4: 245–260. Erlangen.

NEUHAUS, A. (1953): Über Uraninit im Granit von Weißenstadt/Fichtelgebirge. Fortschr. Mineral. Kristall., 32: 80–81. Stuttgart.

PETEREK, A. (2001): Zur geomorphologischen and morphotektonischen Entwicklung des Fichtelgebirges und seines unmittelbaren Rahmens. Überblick and Exkursion. Geol. Bl. NO-Bayern, 51,1-2: 37–106. Erlangen.

PETEREK, A. & ROHRMÜLLER, J. (2010): Zur Erdgeschichte des Fichtelgebirges und seines Rahmens. Der Aufschluss, 4/5 2010: 193–211. Heidelberg.

PETEREK, A. & SCHRÖDER, B. (2003): Zur Geologie und Landschaftsentwicklung des Fichtelgebirges. Exkursionsführer Frühjahrsexkursion v. 27.–28. Juni 2003. Thüringischer Geologischer Verein. Jena.

PÖLLMANN, H. (1988): Die Mineralien im Olivinnephelinit vom Großen Teichelberg bei Groschlattengrün. Der Aufschluss, 39: 27–33. Heidelberg.

PÖLLMANN, H. & PETEREK, A. (2010): Mineralogie und Geologie ausgewählter Basaltvorkommen im westlichen Teil des Eger Rifts. Der Aufschluss, 4/5 2010: 213–238. Heidelberg.

RASCHKA, H. (1967): Lithostratigraphische Untergliederung der präordovizischen Arzberger Serie und die tektonische Entwicklung im südlichen Fichtelgebirge. Diss. Univ. Würzburg.

RICHTER, P. & STETTNER, G. (1979): Geochemische und petrographische Untersuchungen der Fichtelgebirgsgranite. Geologica Bavarica, 78, 144 S. München.

ROHRMÜLLER, J., GEBAUER, D. & MIELKE, H. (2000): Die Altersstellung des ostbayerischen Grundgebirges. Geologica Bavarica, 105: 73–84. München.

ROHRMÜLLER, J., HORN, P., PETEREK, A. & TEIPEL, U. (2005): Geology and structure of the lithosphere. In: KÄMPF, H., PETEREK, A., ROHRMÜLLER, J., KÜMPEL, J. H. & GEISSLER, W. H. (Hrsg.): The KTB crustal laboratory at the Eger Graben – Exkursionsführer. Schriftenreihe der deutschen Gesellschaft für Geowissenschaften, 40: 46–50. Hannover.

ROHRMÜLLER, J. & MIELKE, H. (1998): Die Geologie des Fichtelgebirges und der nördlichen Oberpfalz – Nordostbayern. Jber. Mitt. Oberrhein. Geol. Ver., N.F., 80: 25–47. Stuttgart.

ROST, F. (1980): Die Granite des Fichtelgebirges. Der Aufschluss, 9b/1960: 404–409. Göttingen.

SALAMAT-BAKHCH, A. (1975): Zur Geochemie und Petrographie von Lamprophyren des Fichtelgebirges. Diss. Univ. Würzburg.

SCHMID, H. & WEINELT, W. (1978): Lagerstätten in Bayern. Geologica Bavarica, 77: 1–160. München.

SCHNITZER, W. A. (1956): Alte und neue Mineralfundpunkte in Pegmatiten des Fichtelgebirges. Geol. Bl. NO-Bayern, 6,4: 163–168. Erlangen.

SCHÜLLER, A. (1936): Zur petrologischen und tektonischen Analyse des Fichtelgebirges. Geol. Rdsch., 27: 260–275. Stuttgart.

SCHWAN, W., POLL, K. & OPITZ, W. (1968): Exkursions-Führer für das mittlere nordostbayerische Variszikum. Geol. Bl. NO-Bayern, 18,2: 67–98. Erlangen.

SIEBEL, W., CHEN, F. & SATIR, M. (2009): Late-Variscan magmatism revisted: New implications from Pb-evaporation zircon ages on the implacement of redwitzites and granites in NE Bavaria. Int. J. Earth Sci., 92: 36–52. Berlin.

SIEBEL, W., RASCHKA, H., IRBER, W., KREUZER, H., LENZ, K.-L., HÖHNDORF, A. & WENDT, I. (1997): Early palaeozoic acid magmatism in the Saxothuringian Belt: New insights from a geochemical and isotopic study of orthogneisses and metavolcanic rocks from the Fichtelgebirge, SE Germany. J. Petrol., 38: 203–230. Oxford.

SIEBEL, W., SHANG, C. K. & PRESSER, V. (2010): Permocarboniferous magmatism in the Fichtelgebirge: dating the final intrusive pulse by U-Pb, $^{207}Pb/^{206}Pb$ and $^{40}Ar/^{39}Ar$ geochronology. Z. Geol. Wiss., 38 (2-3): 85–98. Berlin.

STETTNER, G. (1959): Die Lagerstätte des Specksteins von Göpfersgrün-Thiersheim im Fichtelgebirge. Geologica Bavarica, 42: 1–72. München.

STETTNER, G. (1980): Zum geologischen Aufbau des Fichtelgebirges. Der Aufschluss, 31: 391–403. Heidelberg.

STETTNER, G. (1992): Geologie im Umfeld der Kontinentalen Tiefbohrung, Oberpfalz: Einführung und Exkursionen. Bayerisches Geologisches Landesamt (Hrsg.). 240 S. München.

STRUNZ, H. (1962): Fichtelit. Dimethyl-isopropyl-perhydropenanthren. Naturwissen., 49: 9–10.

STRUNZ, H. & TENNYSON, C. (1980): Die Kluft- und Drusenmineralien der Fichtelgebirgsgranite. Der Aufschluss, 3/1980: 419–451. Göttingen.

TEUSCHNER, E. O. & WEINELT, W. (1972): Die Metallogenese im Raum Spessart-Fichtelgebirge-Oberpfälzer Wald-Bayerischer Wald. Geologica Bavarica, 65: 5–73. München.

THIEM, R. (1998): Zur Geschichte des Zinnbergbaus im Fichtelgebirge. Das Fichtelgebirge – Schriftenreihe zu seiner Geschichte, Natur und Kultur, 8. Wunsiedel.

THOMAS, R. (1994): Fluid evolution in relation to the emplacement of the Variscan granites in the Erzgebirge: a review of the melt and fluid inclusion evidence. Proc. IAGOD Erzgebirge Meeting, Geyer, June 4–6, 1993: 70–81. Prag.

TROLL, G. (1968): Gliederung der redwitzitischen Gesteine Bayerns nach Stoff- und Gefügemerkmalen - Teil I: Die Typlokalität von Marktredwitz in Oberfranken. Bayer. Akad. Wiss., Math.-Nat. Kl., Abh., N.F., 133, 86 S. München.

WEBER, B. (2003): Pseudomorphosen von Speckstein nach Dolomit von Erbendorf/Oberpfalz. Der Aufschluss, 4/1980: 257–260. Göttingen.

WILLMANN, K. (1920): Die Redwitzite, eine neue Gruppe von granitischen Lamprophyren. Z. dt. geol. Ges., 71: 1–33. Hannover.

ZULAUF, G. (1994): Ductile normal faulting along the West Bohemian Shear Zone (Moldanubikum/Tepla-Barrandium boundary): evidence for a late Variscan extensional collapse on the Variscan Internides. Geol. Rdsch., 83: 276–292. Berlin.